自然保护区气候变化风险及管理

赵 卫 肖 颖 王 昊 闫瑞强 徐德琳 等著

中国环境出版集团·北京

图书在版编目（CIP）数据

自然保护区气候变化风险及管理/赵卫等著. —北京：
中国环境出版集团，2020.12
ISBN 978-7-5111-4541-3

Ⅰ. ①自… Ⅱ. ①赵… Ⅲ. ①自然保护区—气候
变化—风险管理 Ⅳ. ①S759.9②P467

中国版本图书馆 CIP 数据核字（2020）第 258953 号

出 版 人　武德凯
责任编辑　曹　玮
责任校对　任　丽
封面设计　岳　帅

出版发行　**中国环境出版集团**
　　　　　（100062　北京市东城区广渠门内大街 16 号）
　　　　　网　　　址：http：//www.cesp.com.cn
　　　　　电子邮箱：bjgl@cesp.com.cn
　　　　　联系电话：010-67112765（编辑管理部）
　　　　　　　　　　010-67113412（第二分社）
　　　　　发行热线：010-67125803，010-67113405（传真）
印　　刷　北京建宏印刷有限公司
经　　销　各地新华书店
版　　次　2020 年 12 月第 1 版
印　　次　2020 年 12 月第 1 次印刷
开　　本　787×960　1/16
印　　张　11.5
字　　数　178 千字
定　　价　48.00 元

中国环境出版集团郑重承诺：
中国环境出版集团合作的印刷单位、材料单位均具有中国环境标志产品认证；
中国环境出版集团所有图书"禁塑"。

前　言

　　气候变化是人类共同面临的重大危机和严峻挑战，已经成为国际政治、外交、经济和生态领域共同关切的问题。联合国政府间气候变化专门委员会（IPCC）评估报告认为，气候变化已对自然生态系统和人类生存发展产生了广泛而深远的影响，气候变化增温幅度的提高将加剧这种影响。同时，越来越多的证据也表明，气候变化已成为威胁生物多样性的主要因素之一，且预计在今后的几十年中，将逐渐演变为生物多样性丧失的主要的、直接的驱动力。

　　自然保护区是有代表性的珍稀濒危野生动植物物种、自然生态系统的集中分布区域和法定保护区域，也是禁止开发区域、生态保护红线、自然保护地等生态功能重要地区的重要组成部分，在生物多样性保护、生态安全保障等生态保护工作中居于重要地位。建立自然保护区是就地保护生物多样性最主要的措施。随着生态文明制度体系的建立健全、"绿盾"自然保护区监督检查专项行动的深入推进和公众生态保护意识的提高，资源开发、工程建设等人类活动对自然保护区的不利影响逐渐得到遏制，日益凸显的气候变化问题及其影响将成为自然保护区建设和管理面临的主要挑战。在此背景下，自然保护区对气候变化的适应能力将关系到我国主体功能区、生态保护红线、自然保护地等生态环境保护战略的实施成效。结合国际应对气候变化工作的新要求，开展自然保护区气候变化风险及管理研究具有重要的科学意义和应用价值。

　　基于自然保护区在我国生态保护中的重要地位，本书分析和总结了我国自然保护区建设和管理现状，以及气候变化对野生动植物物种、生态系统、生物多样性的主要影响。根据 IPCC 第五次评估报告以气候变化风险为核心概念建立的基于风险管理应对气候变化的基本理念框架，本书辨识了气候变化对自然保护区保护对象、保护功能的风险，阐明了自然保护区气候变化风险定义、其内涵与形成机理。综合考虑我国自然地理条件、生态环境状况等的地域差异和气候变化、自然保护区等的地域分布特点，分别从风险源压力分析、生境适宜性评价、风险综合评估等角度，识别和分析了我国国家级自然保护区面临的气候变化风险，开展了西藏雅鲁藏布江中游河谷黑颈鹤国家级自然保护区和内蒙古达里诺尔国家级自然保护区等典型自然保护区气候变化风险研究，揭示了典型自然保护区气候变化风险及其主要特征和作用机制。在此基础上，本书剖析了当前自然保护区建设和管理对气候变化的适应能力，结合气候变化的主要生态影响及其对自然保护区保护对象、保护功能的风险，研究提出了加强自然保护区气候变化风险管理的对策建议，可为全球气候变化背景下加强自然保护区建设和管理提供科学基础与决策依据，也可为禁止开发区域、生态保护红线、自然保护地等生态功能重要地区协同推进生态环境保护与应对气候变化工作提供借鉴和参考。

本书是作者在自然保护区气候变化风险及管理研究方面的成果。本书各章执笔人如下：第 1 章由赵卫执笔，第 2 章由肖颖、徐德琳执笔，第 3 章由赵卫、肖颖执笔，第 4 章由赵卫、肖颖、王燕执笔，第 5 章由赵卫、闫瑞强、王昊执笔，第 6 章由赵卫执笔，第 7 章由赵卫执笔。全书结构和内容由赵卫拟定，由赵卫、肖颖、王昊统稿和定稿。

本书由国家重点研发计划课题"区域生态安全综合评估预警技术与示范"（2017YFC0506606），原环境保护部应对气候变化工作项目"典型自然保护区气候变化风险评估与管理研究""环保领域适应气候变化政策研究"，江苏省第五期"333工程"培养资金资助项目"江苏盐城湿地珍禽国家级自然保护区气候变化风险预警关键技术研究"（BRA202039）等资助。

本书虽然做了大量的调查和研究工作，但难免存在一些不足，有待于在今后的继续研究和不断探索中改正。

作　者

2020 年 12 月

目　录

第 1 章

概　论

【**内容提要**】本章从应对气候变化、生态环境保护、自然保护区建设和管理等方面，阐明了自然保护区气候变化风险及管理的研究背景，明确了自然保护区气候变化风险及管理研究的总体目标、主要内容、技术路线和主要方法等。

1.1 研究背景

（1）科学评估气候变化风险，开展有针对性的风险管理行动，是应对气候变化的有效途径。

气候变化风险是世界各国所关注的焦点问题，也是相关研究领域的热点问题。联合国政府间气候变化专门委员会（IPCC）第四次评估报告认为，气候变化风险研究是继气候变化影响、气候变化适应性、气候变化脆弱性以及气候变化综合研究后的又一重要研究内容。在前4次评估的基础上，最新发布的 IPCC 第五次评估报告吸纳了最新文献的研究结论，评估了气候变化对不同领域和区域的影响，确认了气候变化是对自然系统和人类系统产生不利影响和关键风险的主要原因，并进一步确认了气候变化对大陆和海洋的自然系统和人类系统已经产生了广泛的影响。自然系统相对于人类系统而言，受气候变化影响的证据更为有力和全面，包括：全球很多地区的降水变化和冰雪消融正在改变水文系统，影响水资源量和水质；作为对气候变化的响应，陆地、淡水和海洋生物的地理分布、季节性活动、迁徙模式、丰度和物种相互作用等已发生改变；对许多区域的作物研究表明，气候变化对粮食产量的不利影响比有利影响更为显著；气候变化导致的人类亚健康给全球带来不利影响，但目前尚未进行定量评估。

以气候变化风险为核心概念，IPCC 第五次评估报告建立的基于风险管理应对气候变化的基本理念框架，提出了包括陆地和内陆水生态系统风险、生物多样性风险及相关生态系统功能损失风险等在内的8类关键风险。IPCC 第五次评估报告的发布正值气候变化国际合作新协议谈判的关键时期，其关于气候变化风险的结论对气候变化国际谈判及各国应对气候变化的政策与行动产生了重要的推动作用和影响。例如，澳大利亚、新西兰等国已经将气候变化风险的评估与管理作为国家应对气候变化战略的重要组成部分；英国《气候变化法案》要求政府每5年起草一份关于英国气候变化风险的评估报告。

（2）自然保护区气候变化风险及管理研究是协同推进生态环境保护和应对气候变化工作的必然要求。

自然保护区是有代表性的自然生态系统、珍稀濒危野生动植物物种等的天然集中分布区和法定保护区域，建立自然保护区是就地保护生物多样性最有效、最主要的措施。随着自然保护区建设和管理制度的不断完善、中央环保督察等专项行动的深入推进以及公众生态保护意识的不断提高，各类开发建设活动对自然保护区的不利影响逐渐得到遏制，气候变化及其影响将成为我国自然保护区建设与管理面临的主要挑战。大量观测和研究表明，气候变化已经或正在对野生动植物物种、生态系统、生物多样性等产生影响，其中气候变化引起的生境退化、物种迁移是气候变化影响的主要表现形式。受自然保护区相对固定的空间分布、保护边界和功能分区，以及自然保护区外围人类活动、生态廊道缺失等因素的影响，气候变化对物种生境、分布等的改变将导致自然保护区面临保护对象减少甚至灭绝、保护功能削弱甚至丧失等风险。

自然保护区是禁止开发区域、生态保护红线、自然保护地等生态功能重要地区的重要组成部分。在全球气候变化影响日益凸显的背景下，自然保护区对气候变化的适应能力不仅会影响自然保护区在维护生物多样性和保障国家、区域生态安全中的作用，也将关系到国家主体功能区、生态保护红线、自然保护地等生态环境保护战略的实施成效。2018 年 3 月，中共中央印发了《深化党和国家机构改革方案》，将环境保护部的职责、国家发展和改革委员会的应对气候变化和减排职责等整合，组建生态环境部，为协同推进生态环境保护和应对气候变化工作提供了体制保障。考虑到自然保护区在生态环境保护中的重要地位及其建设和管理的规范性，开展自然保护区气候变化风险及管理研究，对于全球气候变化背景下加强自然保护区建设和管理工作具有实际意义，也可以为禁止开发区域、生态保护红线、自然保护地等生态功能重要地区协同推进生态环境保护与应对气候变化工作提供方案和借鉴。

（3）当前自然保护区建设和管理以防范人类活动的不利影响为主，对气候变化风险的重视不足。

1994 年 10 月 9 日，《中华人民共和国自然保护区条例》（国务院令　第 167 号）发布，自 1994 年 12 月 1 日起施行，除法律、行政法规另有规定外，禁止在自然保护区内进行砍伐、放牧、狩猎、捕捞、采药、开垦、烧荒、开矿、采石、挖沙等活动，并对自然保护区核心区、缓冲区、实验区内的人类活动做出明确要求。《国家级自然保护区调整管理规定》（国函〔2013〕129 号）规定了可以申请范围调整、功能区调整的情况，包括：自然条件变化导致主要保护对象生存环境发生重大改变；在批准建立之前区内存在建制镇或城市主城区等人口密集区，且这些区域不具备保护价值；国家重大工程建设需要。

从自然保护区建设和管理现状及有关规定看，当前自然保护区建设和管理具有以防范人类活动的不利影响为主的特征，对气候变化风险的重视仍然不足。近年来，国内外学者围绕气候变化对野生动植物物种、生态系统、生物多样性等的影响开展了一系列观测和研究。研究表明，现有自然保护区多是基于物种的现状分布而设计的，难以满足未来气候变化情景下野生生物物种的保护需求。在气候变化影响下，一些自然保护区保护功能或保护对象可能退化或消失，一些保护区的功能区划将不再有效，从而形成自然保护区气候变化风险。但当前自然保护区气候变化风险研究仍存在底数机制不清、监测能力薄弱、政策措施不完善等不足，全国自然保护区气候变化风险缺乏全面调查和评估，自然保护区气候变化监测站网尚未形成完整体系，气候变化风险评估预警尚未形成公认的指标与方法体系，气候变化风险管理也尚未形成政策与措施体系。同时，自然保护区建设和管理对人类活动的明确约束使得气候变化成为自然保护区面临的主要胁迫，在自然保护区内，气候变化影响和风险更易于辨识与评估，自然保护区成为气候变化影响和风险研究的"天然实验室"。

综上所述，IPCC 第五次评估报告建立了基于风险管理应对气候变化的基本理念框架，科学评估气候变化风险和开展有针对性的风险管理行动成为应对气候变化的有效途径。其中，自然保护区作为有代表性的自然生态系统、珍稀濒危野生动植物物种的天然集中分布区和法定保护区域，是开展气候变化风险研究、协同推进生态环境保护与应对气候变化工作的"天然实验室"。在人类活动干扰逐渐得到遏制和气候变化影响日益凸显的情况下，气候变化将成为自然保护区建设和管理面临的主要挑战。因此，自然保护区气候变化风险及管理，事关自然保护区在保护生物多样性、保障生态安全中的作用，以及国家主体功能区、生态保护红线、自然保护地等生态环境保护战略的实施成效。从国际形势和国内实际看，亟须开展自然保护区气候变化风险及管理研究，辨识自然保护区面临的主要气候变化风险及其风险源、风险受体、风险表征和形成机制，建立完善自然保护区气候变化风险的监测、评估与预警技术体系，研究制定自然保护区气候变化风险防范政策措施，提升自然保护区气候变化风险防范能力和适应气候变化能力，以保证和增强全球气候变化背景下自然保护区的保护功能及其在生态环境保护中的重要作用，并为其他生态功能重要地区协同推进应对气候变化与生态环境保护工作提供借鉴和参考。

1.2 目标内容

1.2.1 研究目标

基于自然保护区在生态保护中的重要地位及其面临的气候变化挑战，分析和总结气候变化对野生动植物物种、生态系统、生物多样性的影响，阐明自然保护区气候变化风险的含义，开展中国国家级自然保护区气候变化风险分析和典型自然保护区气候变化风险研究，揭示典型自然保护区气候变化风险类型及其风险表征和形成机制，剖析自然保护区建设和管理对气候变化的适应能力，研究提出加强自然保护区气候变化风险管理的对策建议，探索自然保护区管理与适应气候变化的协同路径，为全球气候变化背景下加强自然保护区建设和管理提供科学基础与决策依据，为禁止开发区域、生态保护红线、自然保护地等生态功能重要地区协同推进应对气候变化与生态环境保护工作提供借鉴。

1.2.2 研究内容

根据研究目标，主要研究内容如下：

（1）分析国内外自然保护区发展概况，总结自然保护区的功能定位及其在生物多样性保护、生态安全保障等生态保护工作中的重要地位，剖析我国自然保护区建设和管理的现状与特点，并对照新时代自然保护区建设和管理的新要求，辨识当前我国自然保护区建设和管理存在的主要问题。

（2）分析和总结气候变化对野生动植物物种、生态系统、生物多样性等的主要影响及其地域分布、表现形式和作用机制等。

（3）根据气候变化的主要生态影响、自然保护区建设和管理现状及其存在的主要问题等，分析气候变化对自然保护区保护对象、保护功能等的风险。结合国内外气候变化风险的相关定义，阐明自然保护区气候变化风险的定义及其内涵与形成机制。

（4）从风险源分析、生境适宜性评价、风险综合评估等角度，探索建立自然保护区气候变化风险评估指标与方法体系，分析我国国家级自然保护区面临的气候变化风险，开展雅鲁藏布江中游河谷黑颈鹤国家级自然保护区、达里诺尔国家级自然保护区等典型自然保护区气候变化风险研究，揭示典型自然保护区气候变化风险的主要特征和作用机制。

（5）在上述研究的基础上，剖析气候变化对自然保护区建设和管理的主要挑战，分析当前自然保护区建设和管理对气候变化的适应能力，研究提出加强自然保护区气候变化风险管理的对策建议。

（6）对自然保护区气候变化风险及管理研究进行总结和展望。

1.3 研究设计

自然保护区气候变化风险及管理研究的技术路线如图 1-1 所示。

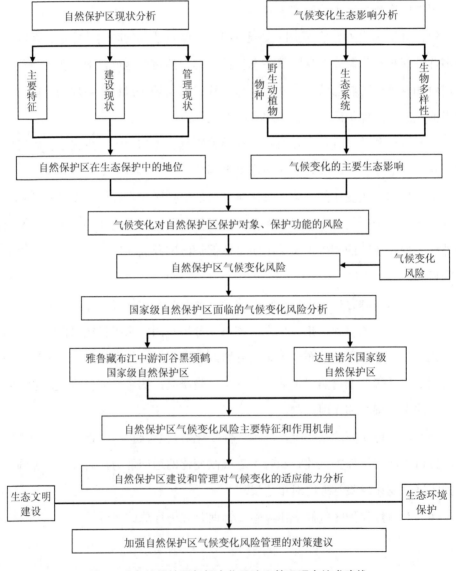

图 1-1 自然保护区气候变化风险及管理研究技术路线

（1）通过文献调研、实地调查、资料分析等，分析自然保护区的功能定位及其建设和管理要求，总结我国自然保护区建设和管理现状及主要特点，辨识当前自然保护区建设和管理中存在的主要问题；分析和总结气候变化对野生动植物物种分布与物候、重要生态系统脆弱性、生物多样性等的主要影响及其地域分布、表现形式和作用机制等。基于此，剖析和识别气候变化对自然保护区保护对象、保护功能等的风险，结合 IPCC 评估报告等与气候变化风险有关的研究成果，阐明自然保护区气候变化风险的定义、内涵及形成机制。

（2）通过实地调研、资料分析、遥感解译、GIS 分析等，从风险源的角度对我国国家级自然保护区气候变化风险进行总体分析，并结合国内外自然保护区有关研究成果，识别和分析我国国家级自然保护区面临的气候变化风险；从生境适宜性评价和风险综合评估的角度，开展雅鲁藏布江中游河谷黑颈鹤国家级自然保护区、达里诺尔国家级自然保护区等典型自然保护区气候变化风险研究，揭示典型自然保护区气候变化风险的主要特征和作用机制等。

（3）在上述研究基础上，综合考虑气候变化对野生动植物物种、生态系统、生物多样性的影响和对自然保护区保护对象、保护功能的风险，剖析气候变化对自然保护区建设和管理的挑战，分析当前自然保护区建设和管理对气候变化的适应能力，研究提出加强自然保护区气候变化风险管理的对策和建议。

第 2 章

我国自然保护区发展、建设和管理

【内容提要】自然保护区是禁止开发区域、生态保护红线、自然保护地等生态功能重要地区的核心组成部分。建立自然保护区是就地保护生物多样性最有效的措施，也是保障国家、区域生态安全的主要措施。本章探讨了国内外自然保护区发展概况、分类分级、建立条件及其功能定位，并分析和总结了我国自然保护区建设和管理现状。最后，对照新时代推进生态文明建设、加强生态环境保护、建立自然保护地体系等对自然保护区的有关要求，辨识了当前我国自然保护区建设和管理存在的主要问题。

2.1　自然保护区发展

自然保护区是指对有代表性的自然生态系统、珍稀濒危野生动植物物种的天然集中分布区、有特殊意义的自然遗迹等保护对象所在的陆地、水体或海域，依法划出一定面积予以保护和管理的区域。

建立自然保护区是保护包括珍稀濒危物种、各类生态系统等在内的生物多样性资源的一项根本性措施（宗诚等，2007），对保护、恢复、发展和合理利用自然资源，保存自然历史产物，改善人类环境，以及促进生产、文化、教育、卫生等事业的发展都具有重要的意义（卢爱刚等，2010）。

2.1.1　自然保护区发展概况

2.1.1.1　国际

19 世纪初，资本主义社会的发展对自然环境造成了严重的破坏和影响，野生动植物濒临灭绝，生态系统变得十分脆弱，国际上保护自然的呼声也越来越强（高红梅等，2007）。为保护自然环境和自然资源，1872 年，美国率先建立了世界上第一个国家公园——黄石公园，标志着大面积、隔离式、采用政府直接介入的集权式管理方式的现代保护地正式建立。此后，全球保护地数量不断增加，保护地的建立原因也更加丰富多样，包括物种、栖息地、流域保护、科研、教育等。

为了进一步规范保护地管理，便于各国之间信息交流，1978 年世界自然保护地委员会（World Commission on Protected Areas，WCPA）组织编制了第一版保护地国际类别体系，提出了科研保护区/严格的自然保护区、受管理的自然保护区/野生生物禁猎区、生物圈保护区、国家公园与省立公园、自然纪念地/自然景观地、保护性景观、世界自然历史遗产保护地、自然资源保护区、人类学保护区、多种经营管理区/资源经营管理区等 10 个类别保护地。该体系公布以后，经过一段较长时间的评估与修正，1994 年世界自然保护联盟（International Union for

Conservation of Nature，IUCN）出版了《保护地管理类别指南》，并建议各国政府按照此指南加以实施。

在《保护地管理类别指南》中，保护地被定义为"通过法律及其他有效手段进行管理，特别用以保护和维护生物多样性和自然及相关文化资源的陆地或海洋"。根据保护地主要管理目标，《保护地管理类别指南》将保护地分为严格的自然保护区（Ⅰa）、原野保护地（Ⅰb）、国家公园（Ⅱ）、自然纪念物（Ⅲ）、栖息地/物种管理地（Ⅳ）、陆地/海洋景观保护地（Ⅴ）6个类别。其中，严格的自然保护区（Ⅰa）是我国自然保护区的雏形。

在保护地发展初期，人们认为自然保护区一旦建立起来就不允许动一草一木，对自然保护区内自然资源、生物种类以及生态系统实行封闭式的保护。这种封闭式的保护方式，改变了自然资源的开发利用模式，削弱了当地经济发展和居民生产生活等对自然资源"粗放式"利用的依赖性，对依赖自然资源利用的区域经济发展和居民生产生活产生了直接影响。随着经济发展、人口增长及其对自然资源需求的增加，自然资源利用与保护之间的矛盾愈加突出。为缓解区域发展、居民生产生活与自然资源保护之间的矛盾，1974年联合国教科文组织（UNESCO）建议为生物圈保护区建立缓冲区，提出"核心区/缓冲区/过渡区"的保护地"三分区"模式。此后，这种保护地"三分区"模式作为自然保护区功能区划分的雏形，在自然保护区功能区划中逐渐得到广泛应用并不断完善和发展（唐芳林，2010）。

2.1.1.2 国内

我国自然保护区建设始于1956年。在1956年召开的第一届全国人民代表大会第三次会议上，秉志、钱崇澍等5位科学家提交了92号提案，请求政府在全国各省（区）划定天然林禁伐区（自然保护区）（吴逊涛等，2007）。同年10月，全国第七次林业大会审议并通过了林业部提交的《关于天然林禁伐区（自然保护区）划定草案》，确定了自然保护区划定对象、划定办法和划定地区，同时批准在广东省肇庆市建立我国第一个自然保护区——鼎湖山自然保护区，开创了我国自然保护区建设的新纪元（周莉，2003）。随后，浙江天目山、海南尖峰岭、广西花坪、云南西双版纳小勐养、吉林长白山等地陆续建立起自然保护区，填补了我国自然科学发展和自然保护区建设、管理的空白（赵献英，1994）。

自 20 世纪 80 年代初我国部分自然保护区被批准纳入联合国教科文组织世界生物圈保护区网络以来，生物圈保护区理论逐渐被接受，并被广泛应用于自然保护区建设和管理。在此基础上，结合国情，我国开展了自然保护区功能区划，将自然保护区分为核心区、缓冲区和实验区。《中华人民共和国自然保护区条例》也对自然保护区核心区、缓冲区、实验区做出了明确规定。其中，自然保护区内保存完好的天然状态的生态系统以及珍稀、濒危动植物的集中分布地，应当划为核心区；核心区外围可以划定一定面积的缓冲区；缓冲区外围划为实验区；必要时可以在自然保护区的外围划定一定面积的外围保护地带。

我国自然保护区数量日益增多、类型不断丰富，逐步形成了相对完整的自然保护区网络体系。总体上，我国自然保护区发展可以分为以下 4 个阶段（周莉，2003；宗诚等，2007；高红梅，2007；王昌海，2018）：

- ❖ 起步发展阶段（1956—1978 年）：截至 1978 年底，全国共建立自然保护区 34 个，总面积 125.6 万 hm^2，约占国土面积的 0.13%。自然保护区数量相对较少，类型相对单一。

- ❖ 稳步发展阶段（1979—1993 年）：截至 1993 年，全国共建立各类自然保护区 763 个，总面积 6 618 万 hm^2，约占国土面积的 6.84%。这一时期我国自然保护区建设步入有法可依、有章可循、与国际接轨的稳步发展阶段。

- ❖ 快速发展阶段（1994—2009 年）：1994 年国务院发布了《中华人民共和国自然保护区条例》（自 1994 年 12 月 1 日起施行），开启了自然保护区综合管理与部门管理的新模式。截至 2009 年底，全国共建立自然保护区 2 623 个，总面积 14 086 万 hm^2，约占国土面积的 14.67%。自然保护区建设和管理呈现快速发展的良好势头。

- ❖ 稳固完善阶段（2010 年至今）：根据《2018 中国生态环境状况公报》，截至 2017 年底，全国共建立各种类型、不同级别的自然保护区 2 750 个，总面积为 14 713 万 hm^2。其中，自然保护区陆域面积为 14 270 万 hm^2，约占陆域国土面积的 14.86%。同时，国家发展改革委、财政部等部委设立了自然保护区生态保护补助奖励、生态保护补偿等专项资金，支持国家级自然保护区开展管护能力建设、实施生态保护与恢复工程等。

2.1.2　自然保护区分类分级

为加强自然保护区建设，提高自然保护区管理质量，1993 年 7 月国家环境保护局批准实施了国家标准——《自然保护区类型与级别划分原则》（GB/T 14529—93），规定了自然保护区类型、级别及其划分要求。

2.1.2.1　自然保护区分类

根据自然保护区的主要保护对象，《自然保护区类型与级别划分原则》将自然保护区分为 3 个类别 9 个类型（表 2-1）。

表 2-1　自然保护区主要类型

类别	类型	保护对象
自然生态系统类	森林生态系统类型	以森林植被及其生境所形成的自然生态系统为主要保护对象
	草原与草甸生态系统类型	以草原植被及其生境所形成的自然生态系统为主要保护对象
	荒漠生态系统类型	以荒漠生物和非生物环境共同形成的自然生态系统为主要保护对象
	内陆湿地和水域生态系统类型	以水生和陆栖生物及其生境共同形成的湿地和水域生态系统为主要保护对象
	海洋和海岸生态系统类型	以海洋、海岸生物与其生境共同形成的海洋和海岸生态系统为主要保护对象
野生生物类	野生动物类型	以野生动物物种，特别是珍稀濒危动物和重要经济动物种种群及其自然生境为主要保护对象
	野生植物类型	以野生植物物种，特别是珍稀濒危植物和重要经济植物种种群及其自然生境为主要保护对象

类别	类型	保护对象
自然遗迹类	地质遗迹类型	以特殊地质构造、地质剖面、奇特地质景观、珍稀矿物、奇泉、瀑布、地质灾害遗迹等为主要保护对象
	古生物遗迹类型	以古人类、古生物化石产地和活动遗迹为主要保护对象

（1）自然生态系统类自然保护区

自然生态系统类自然保护区是指以具有一定代表性、典型性和完整性的生物群落和非生物环境共同组成的生态系统为主要保护对象的自然保护区，分为森林生态系统类型自然保护区、草原与草甸生态系统类型自然保护区、荒漠生态系统类型自然保护区、内陆湿地和水域生态系统类型自然保护区、海洋和海岸生态系统类型自然保护区 5 个类型。

（2）野生生物类自然保护区

野生生物类自然保护区是指以野生生物物种，尤其是珍稀濒危物种种群及其自然生境为主要保护对象的自然保护区，分为野生动物类型自然保护区、野生植物类型自然保护区 2 个类型。

（3）自然遗迹类自然保护区

自然遗迹类自然保护区是指以特殊意义的地质遗迹和古生物遗迹等为主要保护对象的自然保护区，分为地质遗迹类型自然保护区、古生物遗迹类型自然保护区 2 个类型。

2.1.2.2　自然保护区分级

《自然保护区类型与级别划分原则》将自然保护区划分为国家级、省（自治区、直辖市）级、市（自治州）级和县（自治县、旗、县级市）级 4 级。

国家级自然保护区是指在全国或全球具有极高的科学、文化和经济价值，并经国务院批准建立的自然保护区；省（自治区、直辖市）级自然保护区是指在本辖区或所属生物地理省内具有较高的科学、文化和经济价值以及休息、娱乐、观赏价值，并经省级人民政府批准建立的自然保护区；市（自治州）级和县（自治县、旗、县级市）级自然保护区是指在本辖区或本地区内具有较为重要的科学、文化、经济、娱乐、休息、观赏价值，并经同级人民政府批准建立的自然保护区。

2.1.3 自然保护区建立条件

《中华人民共和国自然保护区条例》明确了自然保护区的建设要求，并规定凡具有下列条件之一的应当建立自然保护区：①典型的自然地理区域、有代表性的自然生态系统区域以及已经遭受破坏但经保护能够恢复的同类自然生态系统区域；②珍稀、濒危野生动植物物种的天然集中分布区域；③具有特殊保护价值的海域、海岸、岛屿、湿地、内陆水域、森林、草原和荒漠；④具有重大科学文化价值的地质构造、著名溶洞、化石分布区、冰川、火山、温泉等自然遗迹；⑤经国务院或者省、自治区、直辖市人民政府批准，需要予以特殊保护的其他自然区域。同时，《自然保护区类型与级别划分原则》按照自然保护区类型、级别，确定了自然保护区必须具备的条件。

2.1.3.1 自然生态系统类自然保护区

从生态系统的代表性和典型性,生物群落或生境类型的稀有性,生物多样性,生态系统的自然性,以及生态系统的完整性等方面,《自然保护区类型与级别划分原则》明确了对国家级、省（自治区、直辖市）级、市（自治州）级和县（自治县、旗、县级市）级自然保护区必须具备条件的要求（表2-2）。此外，省（自治区、直辖市）级、市（自治州）级和县（自治县、旗、县级市）级自然保护区必须具备的条件分别包括对促进经济发展和生态环境保护具有重大意义、对促进自然资源持续利用和改善生态环境具有重要作用。

表 2-2　自然生态系统类自然保护区必须具备的条件

	国家级	省（自治区、直辖市）级	市（自治州）级和县（自治县、旗、县级市）级
必须具备的条件	1. 其生态系统在全球或国内所属生物气候带中具有高度的代表性和典型性； 2. 其生态系统中具有在全球稀有、在国内仅有的生物群落或生境类型； 3. 其生态系统被认为在国内所属生物气候带中具有高度丰富的生物多样性； 4. 其生态系统尚未遭到人为破坏或破坏很轻，保持着良好的自然性； 5. 其生态系统完整或基本完整，保护区拥有足以维持这种完整性所需的面积，包括具备 1 000 hm² 以上面积的核心区和相应面积的缓冲区	1. 其生态系统在辖区所属生物气候带内具有高度的代表性和典型性； 2. 其生态系统中具有在国内稀有、在辖区内仅有的生物群落或生境类型； 3. 其生态系统被认为在辖区所属生物气候带中具有高度丰富的生物多样性； 4. 其生态系统保持较好的自然性，虽遭到人为干扰，但破坏程度较轻，尚可恢复到原有的自然状态； 5. 其生态系统完整或基本完整，保护区面积尚可维持这种完整性； 6. 其生态系统虽未能完全满足上述条件，但对促进本辖区内或更大范围地区内的经济发展和生态环境保护具有重大意义，如对保护自然资源、保持水土和改善环境有重要意义的自然保护区	1. 其生态系统在本地区具有高度的代表性和典型性； 2. 其生态系统中具有在省（自治区、直辖市）内稀有、本地区仅有的生物群落或生境类型； 3. 其生态系统在本地区具有较好的生物多样性； 4. 其生态系统呈一定的自然状态或半自然状态； 5. 其生态系统基本完整或不太完整，但经过保护尚可维持或恢复到较完整的状态； 6. 其生态系统虽不能完全满足上述条件，但对促进地方自然资源的持续利用和改善生态环境具有重要作用，如资源管理和持续利用的保护区及水源涵养林、防风固沙林等类保护区

2.1.3.2　野生生物类自然保护区

《自然保护区类型与级别划分原则》从野生生物物种的分布区、生境的自然性、保护区面积等方面，明确了各级野生生物类自然保护区必须具备的条件（表 2-3）。

在野生生物类自然保护区必须具备的条件中，野生生物物种的分布区主要包括国家重点保护野生动植物的集中分布区、主要分布区、一般分布区，以及省级重点保护野生动植物的集中分布区、主要分布区。对于生境的自然性，国家级、省（自治区、直辖市）级自然保护区分别要求生境维持良好的、较好的自然状态；市（自治州）级和县（自治县、旗、县级市）级自然保护区要求生境维持在一定的自然状态，尚未受到严重的人为破坏。对于保护区面积，国家级、省（自治区、直辖市）级自然保护区分别要求足以、能够维持其保护物种种群的生存和繁衍，市（自治州）级和县（自治县、旗、县级市）级自然保护区要求至少能维持保护物种现有的种群规模，同时国家级自然保护区也明确要求具备相应面积的缓冲区。

表 2-3　野生生物类自然保护区必须具备的条件

	国家级	省（自治区、直辖市）级	市（自治州）级和县（自治县、旗、县级市）级
必须具备的条件	1. 国家重点保护野生动植物的集中分布区、主要栖息地和繁殖地；或国内或所属生物地理界中著名的野生生物物种多样性的集中分布区；或国家特别重要的野生经济动植物的主要产地；或国家特别重要的驯化栽培物种其野生亲缘种的主要产地。 2. 生境维持在良好的自然状态，几乎未受到人为破坏。 3. 保护区面积要求足以维持其保护物种种群的生存和正常繁衍，并要求具备相应面积的缓冲区	1. 国家重点保护野生动植物种的主要分布区和省级重点保护野生动、植物种的集中分布区、主要栖息地及繁殖地；或辖区内或所属生物地理省中较著名的野生生物物种集中分布区；或国内野生生物物种模式标本集中产地；或辖区内外重要野生经济动植物或重要驯化物种亲缘种的产地。 2. 生境维持在较好的自然状态，受人为影响较小。 3. 其保护区面积要求能够维持保护物种种群的生存和繁衍	1. 省级重点保护野生动植物的主要分布区和国家重点保护野生动植物种的一般分布区；或本地区比较著名的野生生物种集中分布区；或国内某些生物物种模式标本的产地；或地区性重要野生经济动、植物或重要驯化物种亲缘种的产地。 2. 生境维持在一定的自然状态，尚未受到严重的人为破坏。 3. 其保护区面积要求至少能维持保护物种现有的种群规模

2.1.3.3　自然遗迹类自然保护区

根据《自然保护区类型与级别划分原则》，自然遗迹类自然保护区必须具备的条件包括遗迹的典型性、代表性、稀有性、自然性及完整性（表 2-4）。

表 2-4　自然遗迹类自然保护区分级及其必须具备的条件

	国家级	省（自治区、直辖市）级	市（自治州）级和县（自治县、旗、县级市）级
必须具备的条件	1. 其遗迹在国内外同类自然遗迹中具有典型性和代表性； 2. 其遗迹在国际上稀有、在国内仅有； 3. 其遗迹保持良好的自然性，受人为影响很小； 4. 其遗迹保存完整，遗迹周围具有相当面积的缓冲区	1. 其遗迹在本辖区内外同类自然遗迹中具有典型性和代表性； 2. 其遗迹在国内稀有、在本辖区仅有； 3. 其遗迹尚保持较好的自然性，受人为破坏较小； 4. 其遗迹基本保存完整，保护区面积尚能保持其完整性	1. 其遗迹在本地区具有一定的代表性和典型性； 2. 其遗迹在本地区尚属稀有或仅有； 3. 其遗迹虽遭人为破坏，但破坏不大； 4. 其遗迹尚可维持在现有水平

对于遗迹的典型性、代表性、稀有性，国家级自然保护区要求其遗迹在国内外同类自然遗迹中具有典型性和代表性，在国际上稀有、在国内仅有；省（自治区、直辖市）级自然保护区要求其遗迹在本辖区内外同类自然遗迹中具有典型性和代表性，在国内稀有、在本辖区仅有；市（自治州）级和县（自治县、旗、县级市）级自然保护区要求其遗迹在本地区具有一定的代表性和典型性，在本地区尚属稀有或仅有。对于遗迹的自然性，国家级自然保护区要求其遗迹保持良好的自然性，受人为影响很小；省（自治区、直辖市）级自然保护区要求其遗迹尚保持较好的自然性，受人为破坏较小；市（自治州）级和县（自治县、旗、县级市）级自然保护区要求其遗迹虽遭人为破坏，但破坏不大。对于遗迹的完整性，国家级自然保护区要求遗迹保存完整，遗迹周围具有相当面积的缓冲区；省（自治区、直辖市）级自然保护区要求遗迹基本保存完整，保护区面积尚能保持其完整性；市（自治州）级和县（自治县、旗、县级市）级自然保护区要求其遗迹尚可维持在现有水平。

2.1.4 自然保护区功能定位

功能是指事物或方法所发挥的有利作用、效能。自然保护区的功能主要是指自然保护区所能提供的所有产品及服务。学术界针对自然保护区的功能开展了大量研究，许学工（2000）将自然保护区的主要功能概括为生态功能、教育功能、科研功能、经济功能、文化和精神功能、社会保障功能、其他功能 7 类，具体如下：

- ❖ 生态功能是指自然保护区维持生态过程、物种多样性和基因演变的功能。该功能是形成生态系统服务的基础，包括保护物种的基因多样性、保护植物和动物种群典型样本、保护国家主要生态系统类型的范例等。

- ❖ 教育功能是指能够促进人们更深刻地理解人与自然的关系，普及自然科学知识，以及作为生态学、生物学、地理学、地质学等学科的教学基地等方面的功能，包括提升人们对人与自然和谐共生关系的认识、对自然和祖国的热爱之情等。

- ❖ 科研功能是指自然保护区作为野生动植物物种、生态系统、生物多样性及对外界环境变化和干扰的响应等相关科学研究的"天然实验室"，包括为生态环境相关科学研究提供野外"天然实验室"、为生态环境相关调查和监测等提供本底值等。

- ❖ 经济功能是指维护或增进生态系统服务功能、生态产品供给能力及其作为生态旅游地创造效益等功能，包括通过保护并适当利用自然资源、发展生态旅游获得经济收入等。

- ❖ 文化和精神功能是指为人们提供享受自然、锻炼体魄以及作为艺术家、诗人、音乐家、作家、雕塑家等激发灵感的源泉等功能，包括保护并合理利用文化及考古学的资源，强化文化内涵，提高遗产价值等。

- ❖ 社会保障功能是指对当地及周边地区经济发展和居民健康提供社会保障等方面的功能。

❖　其他功能是指一些尚未认知和尚未开发的功能。

《中国自然保护区发展规划纲要（1996—2010 年）》（环发〔1997〕773 号）、《关于进一步加强自然保护区管理工作的通知》（国办发〔1998〕111 号）、《关于做好自然保护区管理有关工作的通知》（国办发〔2010〕63 号）、《关于进一步加强涉及自然保护区开发建设活动监督管理的通知》（环发〔2015〕57 号）以及《关于建立以国家公园为主体的自然保护地体系的指导意见》（中办发〔2019〕42 号）等文件先后对自然保护区功能做了规定和要求；《国家级自然保护区总体规划大纲》（环办〔2002〕76 号）规定了自然保护区总体规划的编制要求和主要内容，为强化与发挥自然保护区功能提供了顶层设计（表 2-5）。从上述文件对自然保护区建设和管理的有关要求来看，自然保护区具有保护、宣传教育、科研监测、生态文明建设示范等功能，具体如下：

❖　保护功能是指自然保护区作为依法划定的保护区域，可以对保护区内自然资源、生态环境、野生动植物物种、重要生态系统以及生物多样性等进行有效保护；

❖　宣传教育功能是指自然保护区作为生态环境保护的宣传教育基地，可以提升公众对自然和生态的保护意识；

❖　科研监测功能是指自然保护区内自然资源、生态环境、生物多样性等保护对象具有相对较为突出的原真性和完整性，可作为相关研究的"天然实验室"，提供相关观测的背景值；

❖　生态文明建设示范功能是指自然保护区作为绿水青山的重要组成，具有突出的生态优势，通过自然保护区建设和管理，可以为生态优势向经济优势转变、"绿水青山就是金山银山"实践等提供支撑载体，探索资源利用和社区共管的先进模式。

表 2-5　自然保护区功能定位/建设要求

序号	文件	功能定位/建设要求
1	《中国自然保护区发展规划纲要（1996—2010 年）》	• 保护好自然资源和生态环境，保护好生物多样性，对人类的生存和发展具有极为重要的意义。 • 建立自然保护区是保护自然资源和生态环境的一项重要措施，自然保护区的建设已成为衡量一个国家进步和文明的标准之一
2	《关于进一步加强自然保护区管理工作的通知》	• 建立自然保护区，加强对有代表性的自然生态系统、珍稀濒危野生动植物物种和有特殊意义的自然遗迹的保护，是保护自然环境、自然资源和生物多样性的有效措施，是社会经济可持续发展的客观要求
3	《关于做好自然保护区管理有关工作的通知》	• 建立自然保护区是保护生态环境、自然资源的有效措施，是保护生物多样性、建设生态文明的重要载体，是加快转变经济发展方式、实现可持续发展的积极手段
4	《关于进一步加强涉及自然保护区开发建设活动监督管理的通知》	• 自然保护区是保护生态环境和自然资源的有效措施，是维护生态安全、建设美丽中国的有力手段，是走向生态文明时代、实现中华民族永续发展的重要保障。 • 加强对自然保护区工作的组织领导，严格执法，强化监管，认真解决自然保护区的困难和问题，切实把自然保护区建设好、管理好、保护好
5	《国家级自然保护区总体规划大纲》	• 明确了总体规划的主要内容，包括管护基础设施建设规划、宣教工作规划、科研监测工作规划、生态修复规划、资源合理开发利用规划等
6	《关于建立以国家公园为主体的自然保护地体系的指导意见》	• 确保主要保护对象安全，维持和恢复珍稀濒危野生动植物种群数量及其赖以生存的栖息环境

2.2 自然保护区建设

2.2.1 总体概况

自 1956 年建立第一批自然保护区以来,我国自然保护区数量和面积快速增加,初步形成了全国自然保护区网络体系。根据《2017 年全国自然保护区名录》,我国共建立了不同级别、不同类型的自然保护区 2 750 个,总面积 14 713 万 hm²,约占陆地国土面积的 14.86%。其中,国家级自然保护区 463 个,面积 9 742 万 hm²;省(自治区、直辖市)级自然保护区 855 个,面积 3 694 万 hm²;市(自治州)级自然保护区 416 个,面积 500 万 hm²;县(自治县、旗、县级市)级自然保护区 1 016 个,面积 777 万 hm²。

在各级各类自然保护区内,分布有 300 多种国家重点保护野生动物和 130 多种国家重点保护野生植物,以及约 2 000 万 hm² 天然湿地和 3 500 多万 hm² 天然林。总体上,自然保护区范围内保护着 90.5% 的陆地生态系统类型、85% 的野生动植物种类和 65% 的高等植物群落。其中,长白山国家级自然保护区、鼎湖山国家级自然保护区、卧龙国家级自然保护区、福建武夷山国家级自然保护区、梵净山国家级自然保护区、锡林郭勒草原国家级自然保护区、博格达峰国家级自然保护区、神农架国家级自然保护区、盐城湿地珍禽国家级自然保护区、西双版纳国家级自然保护区、浙江天目山国家级自然保护区、茂兰国家级自然保护区、九寨沟国家级自然保护区、丰林国家级自然保护区、南麂列岛国家级自然保护区、山口红树林国家级自然保护区、白水江国家级自然保护区、黄龙国家级自然保护区、高黎贡山国家级自然保护区、宝天曼国家级自然保护区、赛罕乌拉国家级自然保护区、呼伦湖(达赉湖)国家级自然保护区、五大连池国家级自然保护区、亚丁国家级自然保护区、珠穆朗玛峰国家级自然保护区、佛坪国家级自然保护区、兴凯湖国家级自然保护区、车八岭国家级自然保护区、猫儿山国家级自然保护区、井冈山国家级自然保护区、牛背梁国家级自然保护区、蛇岛老铁山国家级自然保护区、大兴安岭汗马国家级自然保护区等 33 个自然保护区加入了世界生物圈保护区网络。

经过 60 多年的发展，我国已基本形成了布局较为合理、类型较为齐全、功能较为完备的自然保护区网络，成为生态保护和建设的核心载体，在保护生物多样性、维护生态平衡和推动生态建设等方面发挥了巨大作用。自然保护区建设过程中，不仅积累了丰富的经验，自然保护区管理法规体系、各类自然保护区的管理制度和技术体系也不断得到完善（王秋凤等，2015）。

2.2.2　主要类型和主管部门

2.2.2.1　主要类型

按照自然保护区类型划分原则，我国自然保护区分为森林生态系统类型、草原与草甸生态系统类型、荒漠生态系统类型、内陆湿地和水域生态系统类型、海洋和海岸生态系统类型[①]、野生动物类型、野生植物类型、地质遗迹类型、古生物遗迹类型 9 个类型。

从自然保护区数量看，森林生态系统类型数量最多，占全国自然保护区总数（2 750 个）的 52.15%；其次是野生动物类型、内陆湿地和水域生态系统类型、野生植物类型，分别占全国自然保护区总数的 19.13%、13.85%、5.49%；地质遗迹类型、海洋和海岸生态系统类型、草原与草甸生态系统类型、古生物遗迹类型、荒漠生态系统类型自然保护区数量相对较少，占比分别为 3.09%、2.47%、1.49%、1.20%、1.13%（图 2-1）。

从自然保护区面积看，荒漠生态系统类型面积最大，占全国自然保护区总面积的 27.36%；其次是野生动物类型、森林生态系统类型、内陆湿地和水域生态系统类型，分别占全国自然保护区总面积的 26.30%、21.60% 和 20.90%；野生植物

---

① 后文分别简称森林生态类型、草原草甸类型、荒漠生态类型、内陆湿地类型、海洋海岸类型，见第 5 章。

类型、草原与草甸生态系统类型、地质遗迹类型、海洋和海岸生态系统类型、古生物遗迹类型面积相对较小，分别占全国自然保护区总面积的 1.19%、1.12%、0.66%、0.50%和 0.37%（图 2-2）。

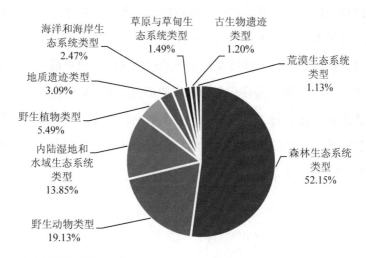

数据来源：《2017 年全国自然保护区名录》。

图 2-1　2017 年各类型自然保护区数量占全国自然保护区总数的比例

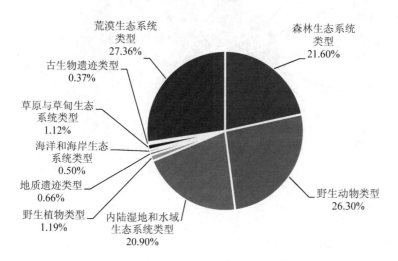

数据来源：《2017 年全国自然保护区名录》。

图 2-2　2017 年各类型自然保护区面积占全国自然保护区总面积的比例

2.2.2.2 主管部门

根据《中华人民共和国自然保护区条例》，国家对自然保护区实行综合管理与分部门管理相结合的管理体制。国务院环境保护行政主管部门负责全国自然保护区的综合管理。国务院林业、农业、地质矿产、水利、海洋等有关行政主管部门在各自的职责范围内，主管有关的自然保护区。

从自然保护区数量看，林业部门主管的自然保护区数量最多，占全国自然保护区总数的 75.24%；其次是环保部门和农业部门，其主管的自然保护区数量分别占全国自然保护区总数的 8.22% 和 6.51%；国土、海洋、水利、住建等部门主管的自然保护区数量相对较少，其主管的自然保护区数量分别占全国自然保护区总数的 2.80%、1.75%、1.20%、0.32%（图 2-3）。

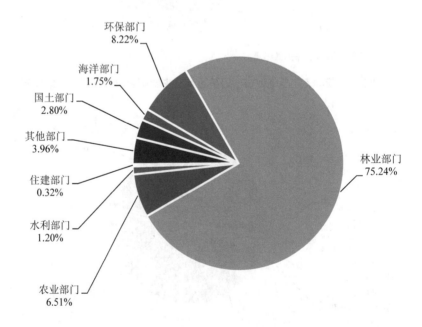

数据来源：《2017 年全国自然保护区名录》。

图 2-3　2017 年各部门主管的自然保护区数量占全国自然保护区总数的比例

从自然保护区面积看，林业部门主管的自然保护区面积最大，占全国自然保护区总面积的 79.86%；其次是环保部门和农业部门，主管的自然保护区面积分别占全国自然保护区总面积的 13.83% 和 3.67%；国土、水利、海洋、住建及其他部门主管的自然保护区面积均不足全国自然保护区总面积的 1%（图 2-4）。

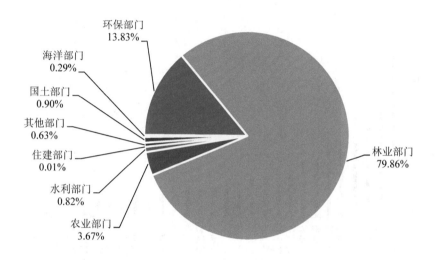

数据来源：《2017 年全国自然保护区名录》。

图 2-4　2017 年各部门主管的自然保护区面积占全国自然保护区总面积的比例

2.2.3　地域分布

受自然地理条件、资源环境条件、社会经济发展等因素影响，自然保护区分布具有显著的地域差异，各省（自治区、直辖市）建立的自然保护区数量存在较大差异。

从自然保护区数量看，广东省建立的自然保护区数量最多，达 384 个；其次是黑龙江省和江西省，自然保护区数量分别为 250 个和 200 个；自然保护区数量为 100～200 个的省（自治区、直辖市）有内蒙古自治区（182 个）、四川省（169个）、云南省（160 个）、湖南省（128 个）、贵州省（124 个）、安徽省（106 个）、辽宁省（105个）。其他省（自治区、直辖市）按照自然保护区数量由多到少依次为福建省、山东省、湖北省、广西壮族自治区、陕西省、甘肃省、重庆市、吉林省、海南省、西藏自治区、山西省、河北省、浙江省、河南省、新疆维吾尔自治区、江苏省、北京市、宁夏回族自治区、青海省、天津市、上海市（图2-5）。

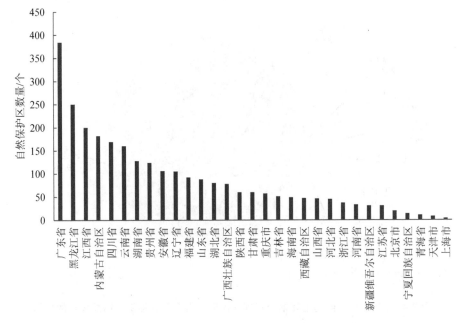

图2-5　各省（自治区、直辖市）建立的自然保护区数量

从国家级自然保护区数量看，黑龙江省的国家级自然保护区数量最多，达46个；其次是四川省，31个；国家级自然保护区数量介于20~30个的省（自治区、直辖市）有内蒙古自治区（29个）、陕西省（25个）、湖南省（23个）、广西壮族自治区（23个）、湖北省（22个）、甘肃省（21个）、吉林省（21个）、云南省（20个）。其他省（自治区、直辖市）按照国家级自然保护区数量由多到少依次为辽宁省、福建省、江西省、广东省、新疆维吾尔自治区、河北省、河南省、西藏自治区、浙江省、海南省、贵州省、宁夏回族自治区、安徽省、山东省、山西省、青海省、重庆市、江苏省、天津市、北京市、上海市（图2-6）。

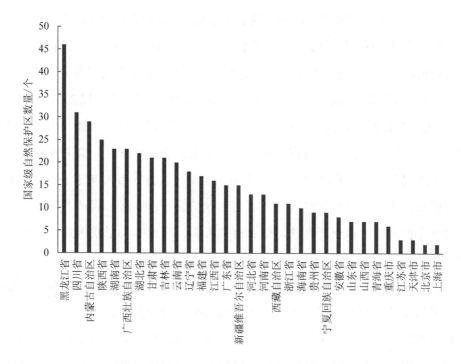

图 2-6 各省（自治区、直辖市）建立的国家级自然保护区数量

2.3 自然保护区管理

2.3.1 自然保护区管理现状

建立自然保护区管理制度。自然保护区管理是实现自然保护区目标、功能的具体手段和措施（张晓妮，2012）。60 多年来，我国在自然保护区建设和管理方面发布实施了一系列法律、法规和规章制度，形成了较为完善的自然保护区管理制度体系。1994 年 10 月，国务院发布的《中华人民共和国自然保护区条例》是我国第一部自然保护区专项法规，规定了林业、农业、水利等各行政主管部门的相关职责，明确了管理技术规范、标准的制定方式以及各级人民政府的监督检查

权力等。1998 年，针对自然保护区发展中存在的突出问题，国务院发布了《关于进一步加强自然保护区管理工作的通知》（国办发〔1998〕111 号），提出具体的改进措施和要求。为适应自然保护区建设管理需求，全国人民代表大会先后修订了《中华人民共和国森林法》《中华人民共和国草原法》《中华人民共和国渔业法》《中华人民共和国环境保护法》《中华人民共和国海洋环境保护法》《中华人民共和国野生动物保护法》等与自然保护区管理相关的法律制度，有关部门也相继制定了部门制度（唐芳林，2010）。各省（自治区、直辖市）制定了自然保护区管理法规，数百个自然保护区制定了自然保护区管理办法。规章制度的建立，使自然保护区建设和管理有法可依、有章可循，有力推动了我国自然保护区事业的发展。

建立自然保护区管理体系。自然保护区管理体系由外部管理体系和内部管理体系构成。自然保护区外部管理体系包括中央管理部门、省级管理部门、县级管理部门、自然保护区管理机构等。不同级别自然保护区由不同管理部门进行管理。国家级自然保护区由其所在地的省（自治区、直辖市）人民政府有关自然保护区行政主管部门或国务院有关自然保护区行政主管部门管理；地方级（省级、市级、县级）自然保护区由其所在地的县级以上地方人民政府有关自然保护区行政主管部门管理。另外，9 种类型自然保护区由不同主管部门进行管理：森林生态系统类型、内陆湿地和水域生态系统类型、荒漠生态系统类型、野生动物类型、野生植物类型自然保护区由林业部门主管；草原和草甸生态系统类型自然保护区由农业部门管理；海洋和海岸生态系统类型自然保护区由海洋部门管理；地质遗迹类型、古生物遗迹类型自然保护区归地矿部门管理，并同时由环境保护部进行综合协调。自然保护区内部管理体系包括行政、管护、科研、宣传教育、后勤、野外保护工作站、野外保护工作点、社区等（谭慧娟，2006）。

保障自然保护区资金投入。随着我国自然保护区数量的增加和面积的扩大，自然保护区投入的资金也逐年增加。《中华人民共和国自然保护区条例》第 23 条明确规定，"管理自然保护区所需的经费，由自然保护区所在地的县级以上地方人民政府安排。国家对国家级自然保护区的管理，给予适当的资金补助"。国家级自然保护区基础建设资金和人员工资由中央财政和地方配套，地方级自然保护区依靠地方财政。总体上，我国自然保护区资金投入渠道有财政渠道、社会渠道和市场渠道 3 种，财政渠道包括财政预算、财政转移支付、项目投入、地方政府配套资金、专项资金、国债资金等，社会渠道主要指公益捐赠，市场渠道包括多种自营创收和有关服务收费。随着自然保护区的逐步发展，中央财政投入显著增长，中央政府出资比例大幅提高（任艳梅，2016；王晓霞等，2017）。

2.3.2　自然保护区管理特点

（1）减轻和规避当地经济建设和居民生产、生活等人类活动对保护对象的干扰是当前自然保护区建设和管理的重点。

为加强自然保护区的建设和管理，保护自然环境和自然资源，国务院于 1994年 10 月发布了《中华人民共和国自然保护区条例》（国务院令　第 167 号），并分别于 2011 年 1 月 8 日［《国务院关于废止和修改部分行政法规的决定》（国务院令　第 588 号）］、2017 年 10 月 7 日［《国务院关于修改部分行政法规的决定》（国务院令　第 687 号）］进行了修订。

《中华人民共和国自然保护区条例》在总则中规定，建设和管理自然保护区应当妥善处理与当地经济建设和居民生产、生活的关系；在自然保护区的建设中规定，确定自然保护区的范围和界线，应当兼顾保护对象的完整性和适度性，以及当地经济建设和居民生产、生活的需要。

从《中华人民共和国自然保护区条例》可以看出，自然保护区的建设强调保护对象的完整性和适度性，减轻和规避当地经济建设和居民生产、生活等人类活动对保护对象的干扰是当前自然保护区建设和管理的重点。

（2）工程建设、区内存在建制镇或城市主城区等区域的人类活动干扰是目前自然保护区范围调整、功能区调整的主要原因。

2013 年 12 月，国务院印发了《国家级自然保护区调整管理规定》（国函〔2013〕

129号），对国家级自然保护区的范围调整、功能区调整及更改名称的有关要求做出明确规定。

根据《国家级自然保护区调整管理规定》，申请进行调整的国家级自然保护区必须存在以下情况：①自然条件变化导致主要保护对象生存环境发生重大改变；②在批准建立之前区内存在建制镇或城市主城区等人口密集区，且不具备保护价值；③国家重大工程建设需要，国家重大工程包括国务院审批、核准的建设项目，列入国务院或国务院授权有关部门批准的规划且近期将开工建设的建设项目；④确因所在地地名、主要保护对象发生重大变化的，可以申请更改名称。同时《国家级自然保护区调整管理规定》明确要求，调整国家级自然保护区原则上不得缩小核心区、缓冲区面积，应确保主要保护对象得到有效保护，不破坏生态系统和生态过程的完整性，不损害生物多样性，不得改变自然保护区性质。

根据部分国家级自然保护区申请调整的有关公示，目前经国务院批准的国家级自然保护区调整申请所涉及的调整原因主要包括：①公路（包括国道、高速公路等）、铁路、油田（包括石化产业基地）等工程建设；②保护区内存在人口密集的建制镇、村庄及村民自留地、城市主城区、庙宇等人类活动剧烈的区域，以及历史遗留的人类活动干扰问题；③野生动物栖息地（生境）改变、强化对主要保护对象的保护等。其中，单纯因工程建设或人口密集的建制镇或城市主城区等人类活动干扰进行范围调整、功能区调整的自然保护区占已批准调整的自然保护区总数的40%以上，90%以上的自然保护区调整包括人类干扰以及强化对保护对象的保护等原因。就自然保护区调整实践而言，单纯因野生动物栖息地（生境）增加或改变的自然保护区调整非常少。

综上，从自然保护区调整的规定和实践看，尽管主要保护对象生存环境的改变被列为自然保护区调整的原因之一，但工程建设、区内存在人口密集的建制镇或城市主城区等人类活动干扰仍然是当前自然保护区范围调整、功能区调整的主要原因，单纯因保护对象生存环境改变进行自然保护区调整的案例仍然较少。

2.3.3　自然保护区管理新要求

根据《中华人民共和国自然保护区条例》，自然保护区分为核心区、缓冲区和实验区。其中，核心区采取全封闭式管理，禁止任何单位和个人进入；缓冲区只准进入从事科学研究观测活动，禁止在自然保护区的缓冲区开展旅游和生产经营活动；实验区可以进入从事科学试验、教学实习、参观考察、旅游以及驯化、繁殖珍稀、濒危野生动植物等活动。因科学研究的需要，必须进入核心区从事科学研究观测、调查活动的，应当事先向自然保护区管理机构提交申请和活动计划，并经省级以上人民政府有关自然保护区行政主管部门批准；其中，进入国家级自然保护区核心区的，必须经省、自治区、直辖市人民政府有关自然保护区行政主管部门批准。在自然保护区的核心区和缓冲区内，不得建设任何生产设施。在自然保护区的实验区内，不得建设污染环境、破坏资源或者景观的生产设施；建设其他项目，其污染物排放不得超过国家和地方规定的污染物排放标准。在自然保护区的实验区内已经建成的设施，其污染物排放超过国家和地方规定的排放标准的，应当限期治理；造成损害的，必须采取补救措施。

自然保护区被列为禁止开发区域、生态保护红线的重要组成部分，实行严格的空间管控。2010 年 12 月，国务院印发了《全国主体功能区规划》（国发〔2010〕46 号），将国家级自然保护区及今后新设立的国家级自然保护区列入国家禁止开发区域，并明确要求依据法律法规和相关规划实施强制性保护，严格控制人为因素对自然生态和文化自然遗产原真性、完整性的干扰，严禁不符合主体功能定位的各类开发活动，引导人口逐步有序转移，实现污染物零排放，提高环境质量。2017 年 7 月，环境保护部办公厅、国家发展改革委办公厅印发的《生态保护红线划定指南》（环办生态〔2017〕48 号）在"校验划定范围"中明确要求，确保划定范围涵盖国家级和省级禁止开发区域，以及其他有必要严格保护的各类保护地。其中，国家级和省级禁止开发区域包括国家公园、自然保护区、森林公园的生态保育区和核心景观区等。

党的十八大以来，随着生态文明建设战略的实施，自然保护区被纳入以国家公园为主体的自然保护地体系。为加快推进生态文明建设、建立以国家公园为主体的自然保护地体系，2015年9月中共中央、国务院印发了《生态文明体制改革总体方案》，2017年9月中共中央办公厅、国务院办公厅印发了《建立国家公园体制总体方案》。《生态文明体制改革总体方案》和《建立国家公园体制总体方案》明确要求，改革各部门分头设置自然保护区的体制;《建立国家公园体制总体方案》进一步要求，逐步改革按照资源类型分类设置自然保护地体系，研究科学的分类标准，厘清各类自然保护地关系，构建以国家公园为代表的自然保护地体系。在此基础上，2019年6月中共中央办公厅、国务院办公厅印发了《关于建立以国家公园为主体的自然保护地体系的指导意见》，将自然保护地按生态价值和保护强度高低分为国家公园、自然保护区和自然公园3类，并要求构建科学合理的自然保护地体系，包括：整合交叉重叠的自然保护地，以解决自然保护地区域交叉、空间重叠的问题；归并优化相邻自然保护地，以解决保护管理分割、保护地破碎和孤岛化问题，实现对自然生态系统的整体保护。根据《关于建立以国家公园为主体的自然保护地体系的指导意见》，自然保护地实行差别化管控。其中，国家公园和自然保护区实行分区管控，原则上核心保护区内禁止人为活动，一般控制区内限制人为活动。

总体上，自然保护区是依法划定的保护区域，是保护生物多样性、保障生态安全的重要区域。为进一步加强自然保护区管理，主体功能区战略从国土空间开发与保护的角度，按照开发方式将自然保护区列为禁止开发区域，依法实施强制性保护，禁止进行工业化、城镇化开发，同时与优化开发区域、重点开发区域、限制开发区域相结合，旨在推进形成人口、经济和资源环境相协调的国土空间开发格局，有助于防控人类活动在空间布局上对自然保护区的不利影响；生态保护红线将自然保护区作为重要组成部分，使得自然保护区成为保障和维护国家生态安全的底线和生命线，必须强制性严格保护。此外，以国家公园为主体的自然保护地体系也将自然保护区作为主要组成部分，并将自然保护区作为自然保护地分类系统的基础，整合交叉重叠的自然保护地，归并优化相邻自然保护地，为解决自然保护区建设和管理中存在的重叠设置、多头管理等问题提供了契机。

2.3.4　存在的主要问题

2.3.4.1　自然保护区体制机制尚不健全

自然保护区建设和管理存在多头管理、权责不明等问题。《中华人民共和国自然保护区条例》规定，国家级自然保护区，由其所在地的省、自治区、直辖市人民政府有关自然保护区行政主管部门或者国务院有关自然保护区行政主管部门管理。实际中，各类自然保护区由林业、环保、农业等部门主管，业务由省、自治区、直辖市人民政府行政主管部门管理，行政由市级人民政府行政主管部门管理，实行业务与行政分离的管理体制，这种管理体制存在职责不清、权力不明的弊病（余久华等，2003）。从自然保护区建设现状看，自然保护区主管部门涉及林业、环保、农业、国土、海洋、水利、住建等多个部门，林业部门主管的自然保护区占全国自然保护区总数的 3/4，其他部门主管的自然保护区占全国自然保护区总数的近 1/4，其中国土、水利、海洋、住建及其他部门主管的自然保护区面积不足全国自然保护区总面积的 1%。

自然保护区管理局的主体管理地位需要加强。近年来，有些自然保护区的管理经营权已经承包给公司或者由地方政府的派出机构直接管理，自然保护区管理局失去了其主体管理地位。若干国家级自然保护区都出现了类似的问题，甚至有的自然保护区管理局局长进入自己管辖的保护区都要经过公司的门卫同意。在这样的情况下，如何对自然保护区实施有效管理的确成了问题。尽管目前这样的国家级自然保护区仍属少数，但有扩大的态势，因此要采取积极的应对措施（马克平，2016）。

相关法律法规尚不能满足自然保护区建设和管理需求。近年来，我国相继出台了一系列与自然保护区管理相关的法律法规，并不断完善已有的各项自然保护区管理法律法规，为我国自然保护区管理提供了有力的法律依据，但仍存在法律法规不能满足自然保护区建设和管理需求的情况（张瑛等，2019）。例如，《中华人民共和国自然保护区条例》于 1994 年发布实施，时过境迁，很多内容已经不适用，亟待修订升级（马克平，2016）。从自然保护区内生态系统及资源环境保护看，自然生态系统类、野生生物类自然保护区涉及森林、草地、水、矿产、土地、生物等自然资源，自然保护区建设和管理不仅要遵守《中华人民共和国自然保护区条例》，还要遵守《中华人民共和国森林法》《中华人民共和国草原法》《中华人民共和国野生动物保护法》《中华人民共和国水法》等法律。当存在矛盾与冲突时，易导致自然保护区管理目标不能顺利实现（施茗芮，2017）。

2.3.4.2　自然保护区运行经费投入不足

世界各国经验表明，作为社会公益性事业，政府财政拨款是自然保护区建设和管理的主要经济来源（王智等，2011）。《中华人民共和国自然保护区条例》规定，"管理自然保护区所需经费，由自然保护区所在地的县级以上地方人民政府安排。国家对国家级自然保护区的管理，给予适当的资金补助"。这一规定明确要求自然保护区运行经费主要由地方财政解决。然而，我国很多自然保护区地处欠发达地区，地方财政支付能力有限，基本运行尚且艰难，发展几成奢望。在此情况下，这一规定在一定程度上制约了中国自然保护事业的发展，甚至导致一些国家级自然保护区为了自身生存而开展违法违规经营活动（马克平，2016）。

长期以来，由于地方财政比较紧张、自然保护区管理经费未能纳入各级政府的财政预算，自然保护区资金投入严重不足，一些保护区甚至连人员基本工资都难以为继，日常管护活动必需的运行经费没有保障，尤其是地方级自然保护区管理经费缺乏，极大地制约了自然保护区事业的发展，严重影响了对生物多样性和自然资源的有效保护（王智等，2011）。

2.3.4.3　自然保护区能力建设滞后

自然保护区规范化建设欠缺。由于很长一段时间，我国奉行抢救性保护方针，一些自然保护区批建时仅是一纸空文，存在无管理机构、无管理人员、无土地权属的情况，甚至连边界范围也未划定（王智等，2011）。

自然保护区"家底"不清。一方面体现在各自然保护区范围、面积以及土地权属不明，另一方面则体现在许多自然保护区未对资源本底状况、动植物种群数量及分布范围进行全面调查，更谈不上动态监测（王智等，2011）。具体来说，大多数自然保护区没有开展详细的资源调查，已开展的为数不多的专题调查也难以满足自然保护区生物保护、生境管理措施和方法的要求；同时，自然保护区缺乏野生动植物档案，未建立自然保护区数据库和地理信息系统，生物资源本底研究数据不足。这主要是由于大多数自然保护区缺乏专业的科研管理人才，又没有与科研机构建立长效的合作机制，科研和监测工作难以开展，从而无法掌握自然保护区资源的变化状况，无法建立健全资源数据库（高红梅，2007）。自然保护区"家底"长期不清的问题，不利于我国自然保护区建设由数量型向质量型的转变，不利于科学决策和有效管理（王智等，2011）。

2.3.4.4　保护与发展矛盾日益突出

统计数据表明，自 2007 年起，我国自然保护区的数量增长已基本呈停滞状态，保护区总面积甚至出现了减少的趋势（王智等，2011）。日益突出的保护与开发的矛盾也是造成这一情况的重要原因。随着我国经济社会的快速发展，涉及自然保护区的能源、资源、交通、旅游等开发建设活动日益增多。以经济发展冲击自然保护区的案例屡屡发生。新疆卡拉麦里有蹄类野生动物自然保护区是近年来受到广泛关注的案例，该保护区自 2005 年起先后进行了 5 次调减，用于资源开发，面积从 1.8 万多 km^2 缩减至 1.3 万 km^2，2015 年 4 月 17 日新疆维吾尔自治区人民政府批复了第 6 次调减方案；经过 6 次调减，自然保护区面积的 1/3 被调出，核心区和缓冲区被肢解，野生动物适宜生境面积在 2000—2010 年减少了 45.9%，这主要是面积调减后大规模的煤炭资源开发等活动引起的（马克平，2016；王虎贤等，2015）。针对甘肃祁连山国家级自然保护区内违法违规开发矿产资源问题严重，部分水电设施违法建设、违规运行、周边企业偷排偷放问题突出，生态环境突出问题整改不力等问题，2017 年 7 月中共中央办公厅、国务院办公厅就甘肃祁连山国家级自然保护区生态环境问题发出通报，决定对相关责任单位和责任人进行严肃问责。通报指出，甘肃祁连山国家级自然保护区生态环境问题具有典型性，教训十分深刻。

以开矿、旅游、扶贫、改善交通等原因要求自然保护区让路的呼声此起彼伏，地方申请自然保护区晋级的热情锐减（马克平，2016）。一些地方和部门在自然保护区甚至在自然保护区的核心区内进行开发建设，擅自调整保护区范围和功能区划，甚至撤销自然保护区。保护与开发的矛盾不仅影响了已有保护区的建设和管理，还影响了其他具有保护价值的区域建设自然保护区的积极性（王智等，2011）。

2.3.4.5 自然保护区网络体系仍须完善

当前，我国自然保护区在类型、面积、分布等方面仍然存在诸多不足，加之各地对自然保护区重视程度的差异，极易导致自然保护区网络体系与保护需求之间的不平衡。

从自然保护区类型看，虽然我国绝大多数自然生态系统类型和重点保护物种在自然保护区内得到较好的保护，但受保护的程度不均衡，海洋和草原类型自然保护区落后于整体水平。目前，海域自然保护区面积占我国海域总面积的比例不到3%，且以近岸海域为主。草原自然保护区建设进展缓慢，数量和面积规模都不适应保护的需要（王智等，2011）。

从自然保护区面积看，大于10万hm^2的大型、特大型自然保护区数量不足全国自然保护区总数的6%，但其面积则大约占了全国自然保护区总面积的80%。尤其是特大型自然保护区（>100万hm^2）数量为18个，不足全国自然保护区总数的0.8%，但其面积占全国自然保护区总面积的58%（王智等，2011）。这种情况与保护区建立时盲目求大求全的思想有较大的关系，导致自然保护区内违规资源开发活动屡禁不止，建设项目难以避开保护区范围，保护与开发的矛盾日益突出。因此，自然保护区范围和功能区划的合理调整将成为自然保护区管理的一项重要任务。

从自然保护区分布看，我国现有自然保护区分布西密东疏，大部分保护区集中在中西部，特别是西部少人或无人地区。在当前经济快速发展的情况下，自然保护区孤岛化现象日益严重，东中部地区不少濒危物种和自然生态系统的保护已迫在眉睫，这也将是今后自然保护区发展的重点（王智等，2011）。

参考文献

[1]　高红梅，黄清. 自然保护区价值估价的应用研究[J]. 中国林业经济，2007（2）：4-7.

[2]　高红梅. 基于价值分析的我国自然保护区公共管理研究[D]. 哈尔滨：东北林业大学，2007.

[3]　卢爱刚，王圣杰. 中国自然保护区发展状况分析[J]. 干旱区资源与环境，2010，24（11）：7-11.

[4]　马克平. 当前我国自然保护区管理中存在的问题与对策思考[J]. 生物多样性，2016，24（3）：249-251.

[5]　任艳梅. 基于典型区域自然保护区资金投入的绩效评价研究[D]. 北京：北京林业大学，2016.

[6]　施茗芮. 我国自然保护区立法保护问题研究[D]. 贵阳：贵州师范大学，2017.

[7]　谭慧娟. 中国自然保护区发展历程、分布结构及生态经济问题研究[D]. 广州：中山大学，2006.

[8]　唐芳林. 中国国家公园建设的理论与实践研究[D]. 南京：南京林业大学，2010.

[9]　王昌海. 改革开放 40 年中国自然保护区建设与管理：成就、挑战与展望[J]. 中国农村经济，2018，406（10）：93-106.

[10]　王虎贤，任璇. 卡拉麦里自然保护区野生动物适宜性生境变化[J]. 新疆环境保护，2015，37（1）：18-23，40.

[11]　王秋凤，于贵瑞，何洪林，等. 中国自然保护区体系和综合管理体系建设的思考[J]. 资源科学，2015，37（7）：1357-1366.

[12]　王晓霞，吴健. 中国自然保护区财政资金投入水平分析[J]. 环境保护，2017，45（11）：53-57.

[13] 王智，柏成寿，徐网谷，等. 我国自然保护区建设管理现状及挑战[J]. 环境保护，2011，39（4）：18-20.

[14] 吴逊涛，赵芳，李先敏. 我国自然保护区发展中存在的主要问题与有效管理措施[J]. 防护林科技，2014（12）：52-54.

[15] 许学工. 加拿大自然保护区的两种建立模式[J]. 环境保护，2000，28（11）：27-28.

[16] 余久华，吴丽芳. 我国自然保护区管理存在的问题与对策建议[J]. 生态学杂志，2003，22（4）：111-115.

[17] 张晓妮. 中国自然保护区及其社区管理模式研究[D]. 杨凌：西北农林科技大学，2012.

[18] 张瑛，李登明，代其亮. 浅谈我国自然保护区建设管理方面存在的问题和建议[J]. 现代园艺，2019（14）：163-164.

[19] 赵献英. 自然保护区的建立与持续发展的关系[J]. 中国人口·资源与环境，1994，4（1）：20-24.

[20] 周莉. 中国自然保护区的发展研究[J]. 北京林业大学学报（社会科学版），2003，2（S1）：31-33.

[21] 宗诚，马建章，何龙. 中国自然保护区建设50年——成就与展望[J]. 林业资源管理，2007，（2）：1-6.

第 3 章

气候变化的主要生态影响

【内容提要】本章通过对国内外气候变化、自然保护区、生态保护等相关领域研究成果的全面调研，分析和总结了气候变化对野生动植物物种分布与物候、重要生态系统及其脆弱性、生物多样性等的主要影响及其表现形式、地域分布和作用机制，为自然保护区气候变化风险研究提供了科学依据。

3.1　气候变化对野生动植物物种的影响

3.1.1　气候变化对物种分布的影响

物种分布是物种与一个区域内生态因子长期作用达到平衡的结果。其中，温度、降水等气候因子是决定野生动植物物种地理分布的关键因素（吴军等，2011），当温度和降水格局发生变化时，物种的分布会随之发生变化（彭少麟等，2002；Parmesan，1996）。当气候变化使得原先的栖息地不再适宜物种生存时，将迫使许多物种转移而开拓新的领地。以变暖为主要特征的气候变化使得一些物种不得不迁移到更为寒冷和湿润的地方（Parmesan et al.，2003；Walther et al.，2005；Colwell et al.，2008）。据分析，温度每增加 1℃，就会使陆地物种的忍受极限向极地转移 125 km，或在山地垂直高度上上升 150 m（许再富，1998）。Parmesan 等（2003）对鸟类等物种分布变化的分析发现，气候变化导致物种平均每 10 年向极地移动 6.1 km 或向高海拔地区移动 6.1 m；约克大学最新的研究则将这一变化速率提高了约 2 倍，认为鸟类等物种每 10 年向极地移动 16.9 km，向高海拔地区移动 11.0 m（Chen et al.，2011；吴伟伟等，2012）。

3.1.1.1　对动物分布的影响

鸟类对气候和环境的改变反应相当敏感，是生态系统中最活跃的组成部分之一，也是气候变化影响研究观测最多的物种之一（杜寅等，2009；吴伟伟等，2012）。鸟类在北半球的分布北界主要由低温线决定，气候变暖成为改变鸟类分布范围的主要因素（吴伟伟等，2012）。对近 20 年我国鸟类分布变化的分析可知，由于气候变暖而改变分布范围的鸟类共 120 种，约占中国鸟类种数（1 332 种）的 9.01%，其分布范围表现出向北或向西扩展的趋势（杜寅等，2009）。其中，中白鹭繁殖地北移是鸟类分布变化的典型例证。中白鹭亚种原分布于四川西昌以东、长江中下游以南的华南大陆，2004 年在辽宁丹东的东港市首次出现该鸟的繁殖种群；受气候变暖影响而改变分布范围的鹭科鸟类还有白鹭、绿鹭、池鹭等，其分布范围也明显北移（杜寅等，2009）。此外，欧洲、北美洲等地也已观测到鸟类繁殖地、越冬地向高纬度地区移动等鸟类分布变化，并且与气候变暖有关（Thomas et al.，1999；Valiela et al.，2003；Brommer，2004；Hitch et al.，2007）。在欧洲，Thomas 等（1999）对 1968—1972 年和 1988—1991 年英国鸟类繁殖分布地变化的分析发现，59 种英国南方鸟类繁殖地的北缘平均向北移动了 18.9 km。一些芬兰鸟类繁殖地的分布也在向北移动（Brommer，2004）。在北美地区，Hitch 等（2007）对 56 种鸟类分布变化的研究发现，分布在北部的鸟类没有向南扩展，分布在南部的鸟类每年向北移动 2.35 km。北美科德角（Cape Cod）鸟类越冬地分布的北移与当地冬季最低气温的升高有关（Valiela et al.，2003）。

在低纬度的热带地区，由于缺乏强的纬度气候梯度、森林毁坏加快和鸟类本身的扩散能力低等因素，该区域鸟类分布受气候变化影响较重，分布主要向高海拔区域转移（Pounds et al.，1999；Shoo et al.，2005；Peh，2007；吴伟伟等，2012）。哥斯达黎加蒙特沃德国家公园低地鸟类的繁殖地在 20 世纪末已经扩展到山区云雾林（Pounds et al.，1999）；Wilson 等（2005）对 2004 年和 1967—1973 年西班牙瓜达拉马山蝴蝶分布数据的比较发现，16 种蝴蝶分布的低线平均上升 212 m，但是在栖息地没有明显衰退的情况下过去 35 年中该地区温度上升 1.3℃，等同于等温线上升 225 m。

研究表明，气候变化下大部分鸟类的分布范围在缩小而非扩大，适宜生境缩减和分布范围的缩小将增加物种灭绝的可能性，尤其是那些分布在高纬度和高海拔地区的物种（Huntley et al.，2010；吴伟伟等，2012）。例如，1970—2010 年黑嘴松鸡的适宜分布区面积减少了 23.57%，原分布于完达山、长白山一带的黑嘴松鸡种群已经完全消失；在 RCP4.5[①]、RCP8.5[②]气候变化情景下，到 21 世纪 50 年代、70 年代黑嘴松鸡适宜分布区将呈缩减趋势且不断加剧（任月恒，2016）。

---

① RCP4.5：Representative Concentration Pathway 4.5，中排放情景。
② RCP8.5：Representative Concentration Pathway 8.5，高排放情景。

　　除鸟类外，气候变化还导致部分哺乳动物分布变化、适宜生境缩减。其中气候变化对物种，尤其是濒危物种栖息地及其分布变化的影响成为相关领域的研究热点。据预测，在东北地区，在 RCP4.5、RCP8.5 气候变化情景下，濒危动物驼鹿潜在生境分布整体呈现向高海拔、高纬度地区迁移的趋势，到 21 世纪 50 年代、70 年代驼鹿当前潜在生境面积明显减少，而新增潜在生境面积较少，总面积呈现急剧减少的趋势（张微等，2016）；在长江中下游地区，在 RCP2.6[①]、RCP8.5 气候变化情景下，到 21 世纪 50 年代和 21 世纪 80 年代我国特有濒危动物黑麂的适宜生境面积相对于基准气候条件下均呈减少趋势，其中在 RCP8.5 情景下黑麂适宜生境的空间位置将发生较为明显的变化，主要表现为适宜生境整体萎缩和分布向高纬度地区移动（雷军成等，2016）；在秦岭地区，气候变化将导致大熊猫、川金丝猴、羚牛、黑熊 4 个濒危物种的适宜生境向高海拔地区转移，适宜分布面积减少，到 21 世纪 50 年代大熊猫、川金丝猴、羚牛、黑熊适宜生境平均海拔将显著高于其当前适宜生境平均海拔，适宜分布面积分别减少 5.8%、51.22%、42.97%、46.09%（李佳，2017）；在西部地区，A2 和 B2 气候变化情景[②]下鹅喉羚（柴达木亚种）、鹅喉羚（南疆亚种）、草原斑猫、蒙古野驴、石貂和野骆驼目前适宜分布范围将缩小，到 2081—2100 年鹅喉羚（南疆亚种）、草原斑猫和蒙古野驴变化幅度最大，鹅喉羚（柴达木亚种）、石貂和野骆驼次之（吴建国等，2011）。此外，在全国大熊猫生境及秦岭山系、岷山山系、邛崃山系等大熊猫山系，气候变化下未来大熊猫的主食竹和生境面积都将减少，生境整体破碎化程度增加，大熊猫被迫向更高海拔、更高纬度扩散，且未来大熊猫新增适宜生境多在现有大熊猫分布区外（刘艳萍等，2012；Fan J et al.，2014；王玉君等，2018）。大量研究表明，为适应全球变暖，昆虫会通过迁移、扩散等方式向高海拔和高纬度地区分布；害

---

① RCP2.6：Representative Concentration Pathway 2.6，低排放情景。
② A2 气候变化情景描述了区域经济发展趋势，单个资本经济发展和技术革新比其他情景要慢，CO_2 质量浓度从 2000 年的 380 mg/L 增长到 2080 年的 700 mg/L，全球最高增温幅度为 3.79℃；B2 气候变化情景描述了区域社会经济和环境可持续发展，人口持续增加但比 A2 情景下低，经济发展中速度，采用不同发展技术，CO_2 质量浓度从 2000 年的 80 mg/L 增长到 2080 年的 550 mg/L，全球最高增温幅度为 2.69℃。

虫分布格局的改变,将扩大农林作物受害面积,加大害虫防治压力(Jepsen,2011;孙玉诚等,2017)。

与陆地生物相似,温度上升也导致了海洋生物物种分布的纬度变化。英吉利海峡西部浮游动物和潮间带生物数量时空变化研究表明,全球气候变暖使得该海域暖水性种类种群数量增加、栖息范围扩大,20 世纪 20 年代至今,暖水性生物栖息北限已向北移动 222.2 km;而冷水性种类种群数量下降、栖息范围缩小(陈宝红等,2009)。

3.1.1.2 对植物分布的影响

植物的地理分布及其对气候变化的响应过程是植物与环境胁迫关系的具体体现,一旦气候变化导致水热组合格局的改变,势必导致植被带的范围、面积和界线发生变化(焦珂伟等,2018)。全球气候带将向极地的方向发生一定程度的位移,地带性植被类型的分布边界将向高纬度地区移动。

气候变化将改变森林及树种的分布格局,尤其是特定区域内某些森林类型及树种。大量的实证观测表明,气候变暖将导致树种向高海拔、高纬度地区迁移。整合分析(Meta-Analysis)表明,80%的物种表现出的迁移变化与气候变暖紧密相关(王超等,2018)。基于全球植被动态模型 LPJ 的预测表明,未来森林分布的变化主要表现为在高纬度地区向北扩展,而中纬度地区则变化不明显(Lucht et al.,2006)。极地植物种类向高纬度迁移,逐渐形成新的植物群落。随着全球气温升高,极地地带性植被类型——苔原的分布区整体向北迁移(彭少麟等,2002)。近 30~40 年,在俄罗斯西伯利亚—芬兰北极苔原带,一些地区已经长出高大树木,局部形成森林(Elmen-dorf et al.,2012)。由于降水变化,1945—1993 年非洲西部地区的植被区向西南方向移动了 25~30 km,平均为 500~600 m/a(Gonzalez,2001)。在垂直高度上,林线是全球气候变化理想的监测器,对气候变化十分敏感。20 世纪气温平均升高 0.8℃,使得斯堪的纳维亚山系瑞典区域林线上升 100 m 以上(Kullman,2001)。对 1905 年、1985—1986 年、2005 年欧洲西部 171 种森林植物分布的研究发现,气候变暖导致该区森林植物的最适分布海拔平均每 10 年上升

29 m（Lenoir et al.，2008）；1977—2007 年，美国加利福尼亚州圣罗萨山区海拔
122～2 560 m 内 10 种优势植物的平均分布上升了 65 m，主要原因是当地气候变
暖和降水增加（Kelly et al.，2008）。

在以增暖为主要特征的气候变化影响下，我国植被带的分布存在向高纬度、
高海拔地区推移的趋势（焦珂伟等，2018）。对 2015—2018 年呼伦贝尔草原区不
同草地类型地理分布的研究表明，基于植被—气候学分类系统和 Holdridge 分类系
统的草甸草原与典型草原边界整体上向东北方向发生较大的迁移，通过遥感影像
及辅助数据获得的分布整体上也向东北方向发展（徐大伟，2019）。气候变化对中
国主要森林类型的影响研究结果表明，增暖可能导致北方森林带有继续北移的趋
势（Wang H et al.，2011；焦珂伟等，2018）。对于亚热带常绿阔叶林，气温升高
2℃，纬向上则向北扩大 3 个纬度；气温升高 4℃，纬向上扩大 6 个纬度（Ni J，
2011；焦珂伟等，2018）；垂直方向上，2℃增温可使得东北森林的垂直带谱普遍
上移 300 m 左右，而在 CO_2 浓度倍增的条件下，温带落叶阔叶林的林线将升高
100～160 m，而亚热带山地针叶林和热带阔叶林分别升高 150～350 m 和 280～
560 m（贾庆宇等，2010；焦珂伟等，2018）。

未来气候变化将继续对中国自然植被活动过程产生影响（焦珂伟等，2018）。
在 SRES 排放情景下，我国东部地区多数植被带发生北移，尤其是热带森林到
21 世纪中期将会向东北方向移动 30～174 km；热带森林、暖温带森林、热带草原
和灌丛面积有所增加，北方针叶林、温带森林、冻土苔原的面积减少（Zhao D S，
2014；焦珂伟等，2018）。当 CO_2 倍增时，40%～57%的冻原将消失，被其南部的
森林代替（彭少麟等，2002）。据预测，东北地区的中温带和暖温带的面积有所增
加，植被带分布的界线发生北移，一些针叶林将逐渐被落叶阔叶林所取代（郭笑怡
等，2013；焦珂伟等，2018）；内蒙古草原植被在 RCP 排放情景下，面积却有所
减少，南部界限大幅北移（苏力德等，2015；焦珂伟等，2018）。在我国西部地区，
典型荒漠植物梭梭的分布主要受年平均降水量、最湿季平均气温、最干季降水量、
降水季节性等因素限制，在 RCP2.6、RCP6.0 气候变化情景下 21 世纪 50 年代和

70 年代梭梭的潜在分布范围将显著扩张，并向西北、东北方向迁移（马松梅等，2017）。

总体上，气候是决定野生动植物物种分布的关键因素。在全球范围内都已经观测到物种分布明显呈现向高海拔、高纬度地区迁移的现象。除温度升高的直接胁迫外，气候变化对野生动植物物种分布的影响主要源于温度上升、降水格局变化对物种适宜生境的改变，使得野生动植物物种重新分布。在全球气候变化背景下，野生动植物向高纬度、高海拔地区扩展其分布区是物种对气候变化的一种适应性改变，以寻求更适合生存的气候条件、栖息地环境、食物资源等，获得更好的生存环境。

3.1.2 气候变化对生物物候的影响

3.1.2.1 对动物物候的影响

动物物候是自然环境中动物生命活动的季节现象，包括候鸟、昆虫及其他动物的初见、初鸣、绝见、终鸣等。其中，对动物迁徙期、产卵期、始鸣期、发育期、终鸣期等的影响，是目前气候变化对动物物候影响研究的主要方面，鸟类、昆虫等是研究最多的物种。气候变化对动物物候的影响主要表现为产卵时间、迁徙时间、始鸣期、发育期提前和终鸣期推迟，气候变化对动物物候的改变会造成生态紊乱。

对于鸟类，在全球范围内关于鸟类产卵时间的研究中，大约有 60%的研究显示，鸟类的产卵时间提前。其中，英国一项持续 25 年的研究发现，65 种鸟类中有 25 种鸟类的产卵时间平均提前 8.8 d，而且这与气候变暖有显著的统计学相关性；在气温升高影响下山雀的产卵期平均每年提前 0.25 d（Källander et al.，2017）。对欧洲 23 个位点的斑姬鹟（*Ficedula hypoleuca*）的研究表明，有 9 个种群的产卵期提前，并且认为这与春季气温升高有关（Both et al.，2004）。气候变化对鸟类物候的影响还表现为迁徙到达时间明显提前。对近 63 年加拿大 96 种迁徙鸟类相关数据的分析发现，有 27 种鸟类的迁徙到达时间有所提前（Murphy-Lassen et al.，

2005）。Butler（2003）对北美迁徙鸟类的大规模研究发现，受气候变化影响，鸟类春季迁回期发生显著变化。其中，长距离迁徙的鸟类（提前 13 d）比短距离迁徙的鸟类（提前 4 d）变化更明显；大多数鸟类春季迁回期提前，如田雀鹀（*Spizella pusilla*）迁徙期平均每 10 年提前约 17 d，也有少数种类推迟，如棕榈林莺（*Dendroica palmarum*）迁徙期平均每 10 年推迟约 3 d。类似的变化发生在很多地区，如近几十年欧亚大陆春天鸟类迁徙到达时间平均每 10 年提前 3.73 d（Marra et al.，2005；Mills，2005；Sparks et al.，2005；Végvári et al.，2010）。

除鸟类外，相关研究还观测到其他动物物候改变，如蝴蝶的出现时间提前、蛙类的鸣叫时间提前、鱼类的洄游时间提前等。郭飞燕等（2019）对青岛地区气候和动物物候观测资料的分析表明，受全球气候变暖的影响，青岛地区气温显著增加，日照时数和平均风速均呈显著减小趋势；日照时数减少对动物物候期有显著的影响，蟋蟀、青蛙物候对气温有明显的响应，蚱蝉、家燕物候对气温变化不敏感；风速的减小有利于蚱蝉终鸣期、家燕绝见期的提前和始终鸣间隔期的缩短，但却导致青蛙终鸣期的推迟和始终鸣间隔期的延长。在我国亚热带地区，部分动物春季物候提前。例如，广东省蚱蝉始鸣期与 3—4 月平均气温、1 月 1 日至平均始鸣期期间＞10℃的有效积温均呈显著的负相关，1997 年以来广东省各站点 3—4 月平均气温明显上升，蚱蝉始鸣期提前，中部和北部地区的蚱蝉始鸣期提前较多，预估到 2030 年广东省动物春季物候期将提前 3.5 d（黄珍珠等，2012）；近 10 年桂林雁山青蛙和蟋蟀始鸣期提前，终鸣期稳定，始终鸣间隔期显著延长，其中青蛙始鸣期、始终鸣间隔期与 3 月平均最高气温显著相关，蟋蟀始鸣期、始终鸣间隔期与 2—4 月平均气温呈相关性（李世忠等，2010）。此外，欧洲地区蝴蝶春季物候期提前较明显，在温度上升影响下蝴蝶羽化时间提前（Sparks et al.，2001）。过去 20 年，蝴蝶和鸟类物候变化引起欧洲和北美的广泛关注，长期物候学数据表明，蝴蝶羽化时间提前；英国蝴蝶不仅出现时间提早而且飞行期延长，18 种蝴蝶在英国的羽化时间每 10 年提前 2.8～3.2 d；在西班牙东北部，蝴蝶出现时间也比 1952 年提早了 11 d（方丽君等，2010）。

同时，有关研究进一步分析了气温、降水对动物物候的影响程度。近30年许多不列颠蝴蝶发育期提前，而且在无其他干扰因素的情况下，气温每升高1℃，蝴蝶物种的发育期和高峰发育期则提前2~10 d（Roy et al.，2000）。青海省动物物候对气候变化的响应研究表明，当上年9月至当年4月平均气温升高1℃，大杜鹃平均始鸣期提早约5.4 d；当上年9月至当年7月平均气温升高1℃，大杜鹃平均终鸣期推迟8.3 d；当上年9月至当年7月平均气温升高1℃，大杜鹃始终鸣期平均间隔日数延长11.8 d（祁如英，2006）。桂林动物物候变化对气候变化的响应分析表明，家燕、青蛙、蟋蟀等动物物候期的变化主要是气温和降水变化共同作用的结果。对于降水而言，当1月降水量增加10 mm时，家燕始见期推迟1.9 d；当2—4月降水量增加10 mm时，青蛙、蟋蟀的始鸣期分别推迟0.8 d和1.4 d；当6—8月、8—10月、5—6月降水量增加10 mm时，家燕绝见期、青蛙终鸣期、蟋蟀终鸣期分别推迟0.5 d、0.6 d和0.3 d。对于气温而言，当3—4月气温增高1℃时，青蛙、蟋蟀的始鸣期分别提前6.7 d和16.1 d；当8—10月气温增高1℃时，青蛙终鸣期提前11.6 d；当10—11月气温增高1℃时，家燕绝见期、蟋蟀终鸣期分别推迟12.6 d和5.0 d（黄梅丽等，2011）。

3.1.2.2 对植物物候的影响

植物物候是指植物的营养生长和繁殖生长为适应其生长环境的季节性变化而呈现的规律性变化，包括植物的发芽、展叶、开花、叶变色、落叶等规律性的现象。近几十年来，持续增温使北半球不同区域植物的春季物候提前，秋季物候推迟，生长季呈延长趋势（邓晨晖等，2017）。国际物候园观测资料显示，欧洲中西部地区现在的春季物候比50年前提前10~20 d，变化速率在物种间、地区间和年份间有差异（Menzel A，2003；邓晨晖等，2017）。

气候变化带来我国植物物候期的显著变化，植物物候表现出与气候变暖协同变化的特征且存在区域差异（Ge Q S，2015；邓晨晖等，2017）。对近40年中国木本植物物候变化及其对气候变化的响应关系的分析发现，除华南外的东部大部分地区，包括东北、华北及长江下游等地区，早春与晚春物候均有提前趋势，与这些地区的春季温度上升趋势一致;渭河平原及河南西部,春季物候期的趋势变化不明显,与这些地区的春季温度上升趋势不明显一致;秦岭以南的广大地区,包括西南地区东部、长江中游地区,早春与晚春物候均有推迟趋势,与这些地区的春季温度下降趋势一致(郑景云等,2003)。我国的物候期变化对温度变化具有较明显的响应关系。在北方温带地区,1986—2005 年旱柳平均展叶始期、开花始期和果实成熟期分别以 4.2 d/10a、3.8 d/10a、3.3 d/10a 的平均速率显著提前,叶变色始期呈不显著推迟的趋势,落叶末期以 2.4 d/10a 的平均速率显著推迟(陈效述等,2015);秦岭地区近 52 年来植物物候始期普遍呈提前趋势,提前速率为 1.2 d/10 a,物候末期普遍呈推迟趋势,推迟速率为 3.5 d/10a,物候生长期普遍延长(邓晨晖等,2017);20 世纪 80 年代以后,华北地区春季物候亦呈现大幅提前趋势(郑景云等,2002;邓晨晖等,2017);东部地区木本植物秋季叶全变色期整体表现为推迟趋势,且 20 世纪 80 年代后推迟趋势明显(仲舒颖等,2010;邓晨晖等,2017);东北地区木本植物展叶初期提前速率为 0.23 d/a,枯黄初期推后速率为 0.19 d/a,生长季延长速率为 0.30 d/a(李荣平等,2010;邓晨晖等,2017);内蒙古荒漠草原植物返青期和黄枯期均提前,生长季天数缩短,春季升温、降水量增加导致植物返青期提前(韩芳等,2013);西北荒漠区植物也表现为春季物候期提前,落叶末期推迟,且 1985 年后生长季呈显著性增加的趋势(韩福贵等,2013;邓晨晖等,2017)。其中,1974 年以来甘肃民勤荒漠区中生植物春季物候期平均提前 9.0 d,落叶末期平均推迟 3 d;旱生植物春季物候期平均提前 6.5 d,落叶末期平均推迟 3.9 d(常兆丰等,2009)。

研究表明,温度是影响植物物候最重要的气象因子。温度升高对植物秋季休眠具有延缓效应,而对于春季休眠解除具有促进作用,总体上表现为升温能够延长植物生活史周期(翟佳等,2015)。对近 40 年中国植物物候期变化趋势的分析表明,中国植物物候期的变化对温度变化响应显著,温度上升 1℃,物候期提前 3.5 d(郑景云等;2002);Ma 等(2012)通过个体观测、整合分析、遥感监测、模型模拟等研究发现,在过去 30 年中,气温每增加 1℃,中国植物春季物候期就会提前 4.93 d。Chen 等（2012）研究发现，中国温带地区春季日平均气温升高 1℃，导致平均生长季开始日期提前 3.1d，秋季平均气温升高 1℃使结束日期延迟 2.6 d。在中国北方温带地区，区域平均春季最佳期间日均温每升高 1℃，旱柳展叶始期、开花始期和果实成熟期的开始日期分别提前 3.08 d、2.83 d 和 3.54 d；区域平均秋季最佳期间日均温每升高 1℃，旱柳叶变色始期和落叶末期的发生日期分别推迟 1.69 d 和 2.28 d（陈效述等，2015）。

气候变化还将改变作物物候期，影响作物生长发育时间，从而对作物产量产生影响。对近 20 年湖口县气候变化对油菜花花期的影响分析表明，油菜花现蕾始期至现蕾普期和开花期的平均气温呈明显的负相关性，温度的上升导致开花期提前（孔祥胜，2018）。气候变化对河北省棉花物候期的影响表明，棉花播种期、出苗期、现蕾期、开花期、吐絮期均呈提前趋势，而收获期呈延后趋势；开花之前各生育阶段缩短，开花之后各生育阶段延长，整个生长期延长；吐絮之前各个生育阶段的平均温度、≥0℃积温均与该生育阶段长短呈负相关，吐絮到收获及全生育期的天数与该时期平均温度、≥0℃积温均呈正相关（王占彪等，2017）。河北西部和东北部、北京西北部以及山东中部和东部等地区的夏玉米潜在产量与气温具有较显著的相关关系，相关系数在 0.9 以上，这些地区的夏玉米潜在产量在过去 37 年呈上升趋势，表明这些地区夏玉米潜在产量的增加可能是由气温上升导致的（江铭诺等，2018）。对南方 8 个主要双季稻种植省份气象资料和作物资料的研究发现，双季稻产量稳定性面临着较大的威胁，出现较大的产量波动和停滞，温度升高有利于双季稻的生产，但双季稻产量波动受到多种气候资源波动的共同作用的影响，早稻和晚稻生长季内气候资源波动对双季稻产量波动的影响分别为 40.04% 和 29.72%（刘胜利，2018）。气候变暖使春季物候期提前、秋季物候期延后，作物潜在生长季整体延长，如果不存在水分胁迫，整体上有利于增产；但如果出现极端高温，则会增加谷物的秕谷率，如果高温再叠加干旱，则更会导致作物的减产甚至绝收（许吟隆，2018）。

3.2　气候变化对生态系统的影响

生态系统是生态学上的一个主要结构和功能单位，属于生态学研究的最高层次（生态学研究的 4 个层次由低到高依次为个体、种群、群落和生态系统）。生态系统是在一定空间范围内，共同栖居着的所有生物（即生物群落）与其环境之间由于不断地进行物质循环和能量流动过程而形成的统一整体。生态系统是以生物为主体，由生物和非生物成分组成的一个整体。种类组成是决定生物群落性质最重要的因素，也是鉴别不同群落类型的基本特征。根据各个种在群落中的作用，有优势种、建群种、亚优势种、伴生种、偶见种、稀有种等群落成员型分类（李博，2000）。

因受地理位置（纬度、经度）、气候及下垫面的影响，地球上的生态系统是各式各样的，地球上自然生态系统首先可划分为陆地生态系统和水域生态系统，在陆地生态系统和水域生态系统之间还存在湿地生态系统。陆地生态系统是地球上最重要的生态系统类型，包括森林、草原、荒漠等类型（李博，2000；蔡晓明，2000）。我国位于欧亚大陆东南部的太平洋西岸，西北部深入大陆腹地。冬季常有寒潮由北向南运行，夏季盛行的季风带着湿气吹向大陆。陆地生态系统生物群落空间分布格局表现为水平分布和垂直分布，从赤道到极地依次出现热带雨林生态系统、常绿阔叶林生态系统、落叶阔叶林生态系统、针叶林生态系统和常绿落叶阔叶混交林生态系统等；草甸草原生态系统、典型草原生态系统和荒漠草原生态系统；荒漠生态系统；苔原生态系统等。水生生物群落的结构比陆地的简单，水域生态系统一般分为海洋生态系统和淡水生态系统。

科学评估气候变化对生态系统的影响，识别生态系统的脆弱性，是适应和减缓气候变化的关键和基础（赵东升等，2013）。研究表明，气候变化已经或正在对野生动植物物种的分布、物候及其生境等产生影响，造成野生动植物物种向高纬度、高海拔区域迁移等地理分布变化和春季物候期提前、生长季延长等物候变化。

过去几十年的气候变化导致自然植被净初级生产力（Net Primary Productivity，NPP）呈增加趋势。其中，对全球陆地植被 NPP 与气候数据的综合分析认为，气候变化使气候胁迫因子得到缓解，全球陆地植被 NPP 总量增加了 6%（仲晓春等，2016）。2001—2010 年，全国大部分地区的年平均 NPP 与年平均温度呈正相关，这部分地区占所有地区的比例为 75.24%；绝大部分地区的年平均 NPP 与降雨量呈正相关，这部分地区占所有地区的比例为 99.91%，说明降雨量对植被 NPP 的影响大于年均温的影响（仲晓春等，2016）。过去 50 年气候变化对中国潜在植被 NPP 脆弱性的评价显示，我国天山以南的暖温带荒漠生态系统、北方温带草原生态系统以及青藏高原西北的高寒草原生态系统更容易受到气候变化的不利影响，以森林为主的生态系统则不容易受到气候变化的不利影响（苑全治等，2016）。总体上，气候变化对野生动植物物种的影响，将导致生物群落优势种、建群种、生态系统脆弱性以及种间关系等的变化，构成气候变化对生态系统的影响。

3.2.1　气候变化对重要生态系统的影响

3.2.1.1　对森林生态系统的影响

森林是以乔木为主体，具有一定面积和密度的植物群落，是陆地生态系统的主干。森林群落与其环境在功能流的作用下形成的具有一定结构、功能和自调控能力的自然综合体就是森林生态系统。森林生态系统是陆地生态系统中面积最大、最重要的自然生态系统，在地球自然生态系统中占有首要地位，在净化空气、调节气候、保护环境等方面起着重要作用（蔡晓明，2000）。世界上不同类型的森林生态系统，都是在一定气候和土壤条件下形成的。依据不同气候特征和相应的森林群落，森林生态系统可分为热带雨林生态系统、常绿阔叶林生态系统、落叶阔叶林生态系统、针叶林生态系统等主要类型。

根据《中国应对气候变化国家方案》（国发〔2007〕17 号），未来气候变化将对中国森林和其他生态系统产生不同程度的影响：一是森林类型的分布北移。从南向北分布的各种类型森林向北推进，山地森林垂直带谱向上移动，主要造林树种将北移和上移，一些珍稀树种分布区可能缩小。二是森林生产力和产量呈现不同程度的增加。森林生产力在热带、亚热带地区将增加 1%～2%，暖温带增加 2% 左右，温带增加 5%～6%，寒温带增加 10% 左右。三是森林火灾及病虫害发生的频率和强度可能增高。

　　同时，学术界通过模型模拟、实验观测等，分析了气候变化对森林生态系统结构、生产力、碳库、生态服务功能等的影响。研究表明，森林生产力对气候变化十分敏感。一般认为，CO_2 浓度升高，在短期内会对森林生产力和生物量的增加起到促进作用，对于长期作用目前还没有明确的结果（王姮等，2016）。中国森林生产力对气候变化响应的预测研究表明，气候变化并没有改变森林生产力从东南到西北递减的地理分布格局，但在不同区域森林生产力均有一定程度的增加（刘世荣等，1998）。从地理分布看，由于温度的升高，许多植物的分布都有北移或向极地扩张的现象，一些山地系统的森林林线有明显向更高海拔地区迁移的趋势，在未来气候条件下我国大部分森林类型的面积均呈增加趋势（王姮等，2016；郑刚，2010）。在未来（2071—2100 年）气候条件下，中国北方森林的分布区将发生大范围的转移（牟艳玲等，2010）；在气候变暖情况下，我国东北地区暖温带和温带范围将明显扩大，植被（红松林）分布发生显著北移；在气候变化加剧的情况下，未来兴安落叶松适宜分布区域将不断减少甚至从我国消失，湿润森林界线北移，而寒温带湿润森林将会移出我国东北地区（李峰等，2006）。模拟结果表明，森林在气候变化过程中会增加碳的贮存量。由于大气 CO_2 浓度持续上升，气温不断增高，导致植物生长期延长，再加上氮沉降和日益合理的森林经营措施的制定实施等因素，森林年均固碳能力呈稳定增长趋势（王姮等，2016）。我国东北地区在 1982—1999 年森林生物量碳贮量不断增长，特别是长白山和小兴安岭北部增长最大，气候变暖可能是促进森林生物量碳储量增长的主要因子（Tan K et al.，2007）。

气候变化对森林生态系统结构、分布、生产力、碳库等的影响，将进一步影响森林的生态服务功能。对 3 种未来气候条件下中国森林生态系统服务价值的评估结果表明，在全球气候变暖的背景下，尽管森林面积有一定程度的减少，其中在土壤形成、废弃物处理、生物防害、食品生产和文化方面的服务价值都有不同程度的减少，但在气候调节、干扰调节、水分调节、水分供应、防止侵蚀、养分循环、原材料、基因资源和休闲游乐方面的服务价值都在增加（张明军等，2004）。此外，长期研究表明，气候是林火动态变化的主导因素，全球气候变化带来的暖干化以及极端气候事件将增加森林火灾的发生频率和发生重特大火灾的可能性；气候条件为病虫害年际波动的主要控制因素，气候变暖，尤其是冬季气温升高，有利于病虫害越冬、繁殖，使得病虫害危害时间延长，危害程度加重。

3.2.1.2 对草原生态系统的影响

草原生态系统是以各种多年生草本为优势的生物群落与其环境构成的功能综合体，是最重要的陆地生态系统之一，其面积仅次于森林生态系统（蔡晓明，2000）。草原生态系统是一种地带性的生态系统类型，可分为温带草原与热带草原两类生态系统。温带草原生态系统分布在南北两半球的中纬度地带，主要分布在欧亚大陆、北美和南美；热带、亚热带草原生态系统主要分布于非洲、南美洲和大洋洲的半干旱地区。中国草原生态系统是欧亚大陆温带草原生态系统的重要组成部分，它的主体是东北—内蒙古的温带草原，可分为草甸草原、典型草原、荒漠草原 3 个类型。在中国西北和西南地区，还有山地草原和高寒草原等类型。

草地主要分布在干旱半干旱地区，对全球气候变化极为敏感。目前，国内外对于气候变化对草原生态系统的影响进行了大量深入的研究。全球草原生态系统净初级生产力时空动态对气候变化的响应研究表明，在过去 100 年中，全球草地面积由 5 175.73 万 km^2 下降到 5 102.16 万 km^2，其中冻原与高山草地类组的面积下降最多（下降了 192.35 万 km^2），荒漠草地类组、典型草地类组和温带湿润草地类组的面积分别下降了 14.31 万 km^2、34.15 万 km^2 和 70.81 万 km^2，热带萨王纳类组分布面积增加了 238.06 万 km^2；在气候变化的影响下，大多数草地类组的重心均向北方移动；在南、北半球，重心迁移距离最长的草地类型分别为荒漠草地类组和典型草地类组，分别移动了 1 289.75 km 和 633.11 km；1911—2010 年全球草地 NPP 共上升了 745.52 Tg DW/a，其中冻原与高山草地类组、荒漠草地类组、典型草地类组、温带湿润草地类组的 NPP 分别下降了 709.57 Tg DW/a、24.98 Tg DW/a、115.74 Tg DW/a 和 291.56 Tg DW/a，而热带萨王纳类组的 NPP 则增加了 1 887.37 Tg DW/a；从全球尺度来看，降水是影响草地 NPP 的最主要的气候因子，草地 NPP 对降水的变化最为敏感，而在部分地区或斑块尺度，温度的变化对草地 NPP 的影响更加明显（刚成诚等，2016）。

近 50 年来，中国草原区气温普遍升高，降水变化时空差异较大。其中，青藏高原近 30 年降水呈增多趋势，特别是青藏高原北部和新疆南部部分地区；在过去 50 年中，内蒙古草甸草原年降水量略增，典型草原年降水量变化总体上呈减少态势，荒漠草原年降水量总体变化趋势不明显，但其东北部地区年降水量明显减少。多数研究结果表明，温度升高对植物物候的影响存在较大的不确定性，对草原植被 NPP 的影响也具有区域性差异，升温加速了土壤碳分解，降低了植物物种多样性。降水增多使植物物候期提前，生长季延长，草原 NPP 提高，物种丰富度增加，但植被生长对降水的变化具有一定的滞后性。与温度相比，降水仍是影响草地生产力更为重要的气象因子，不同的水热组合对植被生长的影响不同。温度升高和降水增多均会使草原植被覆盖度增加。在气候变暖背景下，"暖湿型"气候可提高草地气候生产力，"暖干型"气候使草地气候生产力降低，"冷湿型"气候也有利于草地气候生产力的增长。总体来说，气候变化对中国草原区植被生长起促进作用，但在局部区域，抑制其生长（梁艳等，2014）。

草原地区绝大多数植物为 C_3 植物，温度升高将对草原植物生长及其生产力产生不利影响。观测表明，36 年来祁连山海北州牧草的年净生产量普遍下降（李英年等，1997）。20 世纪 90 年代青藏高原牧草高度与 20 世纪 80 年代末期比较，普遍下降 30%～50%；天然草地产鲜草量和干草量均呈减少趋势；气候变化使中国内蒙古草地生产力普遍下降。在温度升高 2℃、降水增加 20% 的情况下，不考虑草地类型的空间迁移，各类草原减产幅度差别很大，其中以荒漠草原的减产最为剧烈，达到 17.1%；若计入各类型空间分布的变化，各草地类型生产力减少约 30%。Century 模型模拟表明，气候变化将导致羊草草原和大针茅草原的初级生产力和土壤有机质含量显著下降，羊草草原比大针茅草原对气候变化更为敏感（周广胜等，2004）。

3.2.1.3 对湿地生态系统的影响

湿地生态系统是指地表过湿或常年积水，生长着湿地植物的区域。湿地是开放水域与陆地之间的过渡性的生态系统，兼有水域生态系统和陆地生态系统的特点，具有独特的结构和功能。湿地生态系统广泛分布在世界各地，是地球上生物多样性丰富、生产量很高的生态系统（蔡晓明，2000）。目前湿地面临着面积减少、生物多样性下降、水体富营养化、物种入侵等威胁。其中，气候是湿地形成和发育的主要驱动力因素，气候变化是导致湿地生态系统退化的主要原因之一（孟焕等，2016）。研究表明，气温上升、降水改变、极端气候事件等气候变化已对湿地生态系统的面积、分布、水文过程、生物多样性、碳循环等产生了显著影响。

气候变化对湿地面积及分布的影响因水源补给、降水带的不同而存在显著差异。从水源补给看，水源补给的持续程度和水分状况的稳定程度是制约湿地形成和发育的因素，不同水源补给的湿地对气候变化的响应程度也不同（孟焕等，2016）。青藏高原地区 65.57% 的湿地面积与气温呈正相关，其中羌塘湖盆区的湿地以冰川融水作为重要水源补给，气温升高加大了冰川融水的补给量，良好的水文条件使该区湿地面积增加了 5 001.5 km² （邢宇，2015）；长江中下游绝大部分湿地以大气降水补给为主，21 世纪以来降水量呈减少趋势，且在时空格局上分布不均，造成了湿地水源补给减少，水分消耗增大，加快了湿地萎缩，导致湿地面积和类型的变化。相对于以冰雪融水和大气降水为主的补给方式，综合补给方式降低了湿地生态系统对气候变化的敏感性，湿地分布变化及面积消长受气候变化的影响相对较小。从降水带看，气候变化使湿润区的湿地分布和面积发生明显的波动，气温升高导致半湿润的湿地面积减少，却在一定程度上减缓了干旱区湿地面积的萎缩（孟焕等，2016）。在湿润区，气候变化背景下长江中下游地区干旱等极端气候事件发生的频率有所增加，湿地水位波动的频率和幅度受气候变化影响也不断增大。例如，2011 年长江中下游地区发生了干旱急转洪涝的现象，大量湿地遭受到短时间内由干旱到洪涝的剧烈变化，干旱导致鄱阳湖、洞庭湖、洪湖等大面积干涸，湿地生物大规模减少甚至消失，旱涝急转后水文情况恢复正常，但是湿地也将成为死水，湿地内物种发生了明显变化。在半湿润区，气候变化背景下中国华北地区气温升高、降水量减少、蒸发量增加，使白洋淀湿地水资源短缺，水位降低，导致白洋淀湿地萎缩严重；气候暖干导致扎龙湿地沼泽面积萎缩、湿地向草地和耕地转变、湿地核心区向北转移的现象。在干旱区，全球气候变暖的大背景下中国西北地区气温上升，降水量、冰川消融量和径流量连续多年增加，湖泊水位显著上升，呈现由暖干气候向暖湿气候转型的变化特征。气候变化导致 1975—2000 年博斯腾湖流域湖泊面积增加了 55.43 km^2，变化率达 2.22 km^2/a。

　　气候变化对湿地生态系统水文过程的影响主要表现为全球气候变化通过蒸散、水汽输送、径流等途径改变水资源时空分布格局，导致大气降水的形式和降水量发生变化，使地表水或地下水位产生波动，对湿地水文过程产生深刻影响。首先，气候变化加速了大气环流和水文循环过程，使干旱、暴风雨、洪水等极端事件发生频率上升，影响了湿地生态系统水平衡，进而对湿地的水循环过程产生影响；其次，气温升高及其引起的干旱等，增加了社会和农业的用水需求，从而更多地挤占湿地生态用水，间接地导致湿地水资源短缺，从而改变湿地生态系统的蒸散、水位、周期等水文过程（孟焕等，2016）。气候变化对湿地生物多样性的影响主要表现为对生物群落和种群数量的影响。气温升高、干旱等极端气候事件加大了水分蒸发量，加之降水量减少，会导致湿地植物向中旱生植物演变，使得鱼类和浮游动物大量减少甚至消失，食物链变得越来越脆弱，并对湿地生态系统的生物多样性产生严重影响（欧英娟等，2012）。长江中下游地区鸟类对湿地的依存程度取决于区域降水量的年内和年际变化，每年的季风将水、沉积物、营养物质等或原材料带入中国东部地区的湿地，在非繁殖季节该区就为超过 200 万只的迁徙水鸟提供了停歇地，不仅数量是居住于长江中下游湿地鸟类的 2 倍，而且包括了 8 种全球濒危物种。对于湿地碳循环，在全球变暖和大气 CO_2 浓度升高的情况下，土壤温度升高，植物生物量增加，土壤中有机物分解加快，加速了植物残体的分解速率，使产生的 CO_2 或者 CH_4 释放到大气中，从而影响湿地生态系统的碳循环。

3.2.1.4 对滨海生态系统的影响

红树林是热带、亚热带河口海湾潮间带的木本植物群落，以红树林为主的区域中动植物和微生物组成的一个整体统称为红树林生态系统（李博，2000）。红树林生态系统是以滨海盐生沼泽湿地为主要生境，并因潮汐更迭形成的森林环境。不同于陆地森林生态系统，热带海区 60%～70%的岸滩有红树林成片或星散分布，全球气候变化引起的海平面上升、海水入侵等极易对红树林等滨海生态系统造成巨大影响。

海平面、海水温度和海洋酸度是气候变化影响滨海生态系统的主要因素（於琍等，2014）。其中，海平面上升导致海岸带系统和低洼地区正经历越来越多的洪水淹没、极端潮位和海岸侵蚀，并承受由此带来的不利影响；海水温度上升和海水酸化导致珊瑚白化甚至死亡。

在海平面上升的影响下，红树林分布区表现出向陆地方向扩展的趋势。在后缘地貌和地层条件适合红树林生长的条件下，红树林将大规模向陆地迁移，红树林海岸地貌发生改变，如泥滩向陆地移动、沙丘消失等，导致红树林生态系统显著改变（谭晓林等，1997）；若受硬质海岸大堤等因素制约，红树林则很少向陆地演化，将随海平面上升而被淹没，导致红树林生境消失（韦兴平等，2011；高如峰，2012）。在过去30年里，佛罗里达州滨海地区的红树林分布区向北部扩展了近1倍，但是南侧分布线并未发生显著变化（Cavanaugh et al.，2013）。

海水入侵通过改变生境盐度、加剧生物入侵，对滨海生态系统结构和功能产生影响。一方面，随着海平面的上升，海水入侵将加剧，滨海生境的盐度随之增加，对滨海生态系统植物生长造成直接影响，特别是长时间的海水淹没将导致滨海生态系统初级生产力下降（邓自发等，2010）；另一方面，与本地种相比，入侵滨海生态系统的外来种更易于适应生境水位和盐度的变化，因此分布区不断扩大，造成滨海生态系统面积减少、结构简化，使滨海生态系统物种面临灭绝风险（Perry et al.，2009）。研究表明，入侵植物互花米草的耐盐性远高于本地种，其庞大的克隆体系为缓解淹水胁迫提供了结构保障，在盐沼湿地形成了单优群落（Xiao et al.，2010）。全球气候变化对近岸和浅海底栖生态系统的影响最为明显，全球变暖导致沿岸、近海海草和大型藻类等大型海洋植物的分布范围减小，甚至面临灭绝的危险（郑凤英等，2013）。

3.2.2　气候变化对生态系统脆弱性的影响

气候变化下自然生态系统的脆弱性是指气候变化对该系统造成的不利影响的程度。脆弱性是生态系统对气候变化影响的一个综合反映，并受自然生态系统群落结构、功能及演替状态变化的制约。近年来，气候变化对生态系统的影响的研究在国内外得到了广泛开展，其中许多研究和脆弱性直接相关。

於琍等（2008）分别以潜在植被的变化次数、变化方向以及生态系统功能的年际变化率及其趋势定义陆地生态系统的敏感性和适应性，对当前气候条件、未来气候变化情景下中国陆地生态系统的脆弱性进行了定量评价。当前气候条件下，我国自然生态系统脆弱性的总体分布特点是南低北高、东低西高；脆弱度高的生态系统分布相对集中，我国脆弱的自然生态系统主要集中在华北地区中部、东北的部分地区、西北地区、内蒙古地区以及西藏地区南部等地，其中华北地区、内蒙古地区以及东北地区主要的脆弱区基本分布在生态过渡带上；5个脆弱等级中，不脆弱的生态系统面积比例最大，其次是中度脆弱和轻度脆弱的生态系统，极度脆弱和高度脆弱的生态系统面积比例相对较小。在 A2 气候变化情景下，到 21 世纪末我国自然生态系统的脆弱性总体将有所增加，但空间分布与当前气候条件下类似，仍然是南方地区生态系统总体脆弱度较低，北方地区生态系统的脆弱度较高，高度和极度脆弱的生态区仍集中在西北地区、内蒙古地区及华北地区、东北地区交界的区域。与当前气候条件相比，未来气候变化情景下我国华南地区、华中地区、西北地区、西南地区的生态系统脆弱度均有所增加，华北地区、内蒙古地区和东北地区的生态系统脆弱度则有所减小，西藏地区生态系统脆弱度变化不大；不脆弱的生态系统面积比例减少较多、高度脆弱和极度脆弱的生态系统面积比例稍有减少，轻度脆弱的生态系统面积比例显著增加，中度脆弱的生态系统所占比例基本不变。

赵东升等（2013）以动态植被模型 LPJ 为主要工具，以区域气候模式工具 PRECIS 产生的 A2、B2 和 A1B 情景气候数据为输入，对气候变化情景下中国自然生态系统脆弱程度进行了研究。结果表明，气候变化将严重影响我国自然生态系统的脆弱程度。在基准年，寒温带湿润区、温带湿润/半湿润区、暖温带湿润/半湿润区和亚热带湿润区生态系统多表现为轻度脆弱，西北干旱区和青藏高原区是我国生态系统脆弱程度较高的地区，青藏高原西南部干旱河谷地区生态系统表现为极度脆弱，重度脆弱和极度脆弱区占国土面积的比例超过 30%。在未来气候变化情景下，青藏高原区生态系统脆弱程度将减轻，A2 和 A1B 情景下高原西部脆弱程度减轻最为明显；西北干旱区脆弱程度有所下降，许多重度脆弱生态系统向中度脆弱转化；温带湿润/半湿润区脆弱形势严峻，中度脆弱区有北移趋势，B2 和 A1B 情景下表现得尤为明显；暖温带湿润/半湿润区脆弱程度不断增加，脆弱区明显向西扩展；亚热带区脆弱程度未有太大的变化，但脆弱区面积不断增大。其中，北方地区的自然生态系统对极端气候事件反应最为敏感，特别是温带湿润/半湿润区、暖温带湿润/半湿润区和北方半干旱/半干旱区的中西部，脆弱区面积大且脆弱程度高，部分区域的生态系统呈现较大面积的极度脆弱。综合 A2、B2 和 A1B 气候变化情景的评估结果，未来气候变化情景下中国东部地区脆弱程度呈上升趋势，西部地区呈下降趋势。总体上，未来气候变化情景下中国自然生态系统脆弱性的分布格局没有大的变化，仍呈现西高东低、北高南低的分布特点。受气候变化影响严重的地区是温带区和暖温带区，青藏高原区南部和西北干旱区脆弱程度因气候变化影响而减轻。气候变化情景下近期气候变化对我国生态系统的影响不大，部分地区朝着有利的方向发展，中、远期气候变化对生态系统的负面影响较大。

3.3 气候变化对生物多样性的影响

3.3.1 气候变化对种间关系的影响

气候变化导致物种分布向高纬度、高海拔地区移动，将改变新旧生境的生态位、物种组成和群落结构，对其种间关系产生影响。气候变化引起的物种迁移会改变高海拔、高纬度地区的生物多样性和物种丰富度，提高杂交概率，形成全新的种间关系。在过去 100 年中，低海拔物种的迁移使得瑞士境内高山带植物多样性显著增加（Thuiller，2007），喜马拉雅山高山带物种丰富度也明显提高（Gaur et al.，2003）。20 世纪 70 年代的降水变化，尤其冬季降水量的显著增加，使美国奇瓦瓦荒漠木本灌丛密度升高 3 倍，常见动物数量减少，稀有动物数量增加（Hersteninsson et al.，1992）；海水温度升高导致北方海域热水生物正在取代冷水生物，浮游植物变化引起食物链改变（Dybas，2006）。对东欧阿尔卑斯山的监测结果显示，高山草甸有先锋种出现，而一些适应寒冷气候的物种丧失，相比过去的 100 年，这些山顶可以容纳种类更多的先锋植物（Grabherr et al.，1994；Nagy et al.，2003）。而且在气候变化引起的物种迁移中，各类物种迁移速度存在差异，这意味着气候变化会打乱现有物种间的相互关系，使生态系统中物种链改变。其中，生命期短、繁殖周期快的草本、蕨类和藓类植物迁移速度明显快于繁殖较慢、生长期长的乔木种群。此外，气候变化引起的物种迁移可能存在携带病害的风险，引起有害生物泛滥，导致害虫和疾病暴发强度和频率增加，对新生境的生态系统造成严重后果（IPCC，2002）。气候变暖将促进入侵植物向更高纬度地区扩散，但是由于天敌昆虫对低温的耐受能力低于入侵植物，使得植物的入侵态势进一步加剧（Lu et al.，2013）。

　　除改变物种分布外，气候变化通过改变本地种的适宜生境、增强外来种的竞争能力，使本地种面临威胁、濒临灭绝或被其他物种替代，进而影响区域生物多样性和种间关系。其中，气候变暖会增强外来种的生存、繁殖和竞争能力，使物种形成速率加快，但同时也会削弱本地种的竞争优势，使区域特有种减少或消失。例如，气候变暖对新西兰特有度高达93%的613种高山维管束植物种类的影响的研究表明，当平均气温维持在比1900年高0.6℃时，则有大量的外来物种入侵，40～70个本地植物种可能面临威胁，当大约100年后气温上升3℃时，新西兰高山植物区系维管束植物中将有200～300个高山本地种丧失（刘洋等，2009；Hallov et al.，2003）；对1902—1949年、1975—1984年、1985—1999年观测数据的比较显示，随着气温升高，荷兰维管束植物中喜热植物种类明显增加（Tamis et al.，2005）；气温升高使无脊椎动物数量增加，但由于物种间的竞争，多样性反而减少（Kaufmann et al.，2002；刘洋等，2009）。气候变暖可能使高纬度、高海拔区域的生物或优势物种因为适宜生境的消失而濒临灭绝或被其他物种替代。例如，经过连续5年的升温和施肥，瑞典北部高山苔原带苔藓和地衣优势群落的物种数量减少，物种丰富度和多样性降低（Jägerbrand et al.，2006；刘洋等，2009）；在增温和增加养分的条件下，挪威南部高山带的优势矮灌木宽叶仙女木（*Dryas octopetala*）被禾本科和非禾本科草本取代（Klanderud et al.，2005；刘洋等，2009）。在过去40年中，欧洲候鸟和留鸟丰富度也因气温升高而发生改变（Lemoine et al.，2007）。

　　气候变化还将改变生物的物候期、生理特征等，对区域生物多样性和种间关系产生影响。因繁殖期、迁徙期等物候期的改变，部分欧洲鸟类和极地地区的动物在原栖息地的种群数量将发生改变；气候变化会导致极地北极熊的出生率下降，种群数量减少（ACIA，2004）。其中，植物和传粉昆虫（或鸟类）对气候变化的响应程度不同，这种差异会影响相关动植物的生长和繁衍，从而影响生态系统的食物链和食物网。例如，落基山地区植物的开花时间随积雪融化时间的提早而提前，同时植物的传粉过程也受到影响（Morales et al.，2005）。

3.3.2　气候变化加剧物种灭绝风险

IPCC 第五次评估报告指出，若未来全球升温幅度为 1.5～2.5℃，全球 20%～30%的物种的灭绝风险将显著增加（IPCC，2014）。气候变化对欧洲 1 400 种植物的影响研究显示，到 2100 年，10%的植物物种将从欧洲消失，1%的物种将灭绝，其中北欧有 35%的物种将发生生物入侵，南欧有 25%的物种因丧失适宜栖息地将面临局部灭绝（Michel et al.，2005）。到 2050 年，英国极地高山物种的分布生境将因气候变化影响而消失，英国地衣植物区系空间分布也将发生改变，部分植物物种面临灭绝或丧失的风险（Holmanl et al.，2005；Ellis et al.，2007）。在相关研究基础上，对物种灭绝风险观测案例和预测案例的 META 分析表明，到 2100 年，气候变化造成的平均灭绝率预计将达 7%，基于观测结果的平均灭绝率将达 15%；若不采取减缓气候变化的措施，延续当前发展模式，气候变化将威胁全球 1/6 的物种（Maclean et al.，2011）。

气候变化会改变物种生境及其地理分布，使得物种面临灭绝风险。对于移动能力较强的物种，其分布区随着气温升高向高纬度、高海拔地区移动，当温度变化在其忍受范围内时其分布范围将因边界移动而扩大；但是物种在气候变化引起的迁移过程中可能会遭遇"气候槽"或其他地理屏障，导致物种迁移受阻，给物种带来灭绝的风险（Burrows et al.，2014）。对于移动能力较弱的物种，气温升高将对其种群构成直接的威胁，使其分布范围萎缩、种群规模下降，进而增加其灭绝风险。苔原是极地的地带性植被，全球气温升高、CO_2 浓度增加将导致苔原消失。其中，全球气温升高使得苔原分布区整体向高纬度地区转移，但是在北半球，由于北冰洋的阻挡，其北界延伸受到限制，南界则大幅向北移动，导致大面积的苔原消失；同时，预测结果表明，CO_2 浓度倍增时，40%～57%的冻原将消失，被其南部的森林代替（彭少麟等，2002）。棕榈科植物是一类重要的全球变暖指示生物，目前热带地区棕榈科植物的组成在很大程度上形成于数百万年前，过去 10 万～30 万年严重的干燥气候导致非洲热带雨林面积大大减少，许多热带地区的物种已经完全消失（Kissling et al., 2012）。此外，气候变化导致大部分鸟类的适宜生境、分布范围缩小，尤其是那些分布在高纬度、高海拔地区的物种，气候变化下几乎没有可供生存的栖息地开拓，未来将面临灭绝的风险（Parmesan, 1996；Gage et al., 2004；Huntley et al., 2010；Erasmus et al., 2012）。由于气候变化对物种原有的适宜栖息地的改变，食物、水和生存环境遭到破坏，适应能力较弱的物种更易受到影响、更易趋向灭绝。其中，气候变化对食物链、食物网的改变，也会加剧物种灭绝风险。有关研究指出，温度上升可能会改变浮游生物群落及其相关食物网的组成，进而使鱼类和其他水生生物的分布发生变化，可能导致一些物种灭绝（高志勇等，2017）。气候变化会导致食物链的改变，由于物种之间存在复杂的相互作用，植物多样性的改变和丧失可能会引起食物链的缺损和不同物种之间生态关系的断裂，造成级联效应而引起次生灭绝（刘世荣等，2014）。

气候变化诱发自然灾害，加剧物种灭绝风险。气候变化改变降水格局，会引发长期干旱、强降水等极端气候事件，对物种造成极大伤害。其中，长时间水淹或洪水可导致沉水植物、浮叶植物甚至部分挺水植物的种群密度和生物量大幅降低，造成湿地生态系统大量物种死亡（Vretare et al., 2001；Macek et al., 2006；Asaeda et al., 2007）。2011年春季，长江流域长时间的干旱导致鄱阳湖、洞庭湖、洪湖等主要湖泊面积缩减，沉水植物与挺水植物被迫向湖心方向迁移，对早春植物的生长繁殖造成不利影响；同年6月起，连续四次强降雨带来的洪水对干旱后幸存的湿地植物造成了严重的水淹胁迫（罗文泊等，2007）。在高山带，气候变化能加速高山冰川、冻土消融，冰川分割可能引发雪崩、滑坡和泥石流等自然灾害，严重威胁高山生物多样性（Zemp et al., 2006）。气候变暖也是造成森林、草原火灾的重要因素，气候变暖、极端气候事件将造成南方低温、北方干旱，使火灾发生概率增加、火灾强度加大，对森林、草原生物多样性构成威胁（徐靓，2012）。

参考文献

[1] Arctic Climate Impact Assessment（ACIA）. Impacts of a Warming Arctic[R]. Cambridge，UK：
     Cambridge University Press，2004.

[2] Asaeda T，Hung L Q. Internal heterogeneity of ramet and flower densities of Typha angustifolia
     near the boundary of the stand [J]. Wetlands Ecology and Management，2007，15：155-164.

[3] Both C，Bouwhuis S，Lessells C M，et al. Climate change and population declines in a
     long-distance migratory bird[J]. Nature，2006，441：81-83.

[4] Brommer J E. The Range Margins of Northern Birds Shift Polewards[J]. Annales Zoologici
     Fennici，2004，41：391-397.

[5] Burrows M T，Schoeman D S，Richardson A J，et al. Geographical limits to species-range shifts
     are suggested by climate velocity [J]. Nature，2014，507：492-495.

[6] Cavanaugh K C，Kellner J R，Forde A J，et al. Poleward expansion of mangroves is a threshold
     response to decreased frequency of extreme cold events[J]. Proceedings of the National
     Academy of Sciences of the United States of America，2014，111（2）：723.

[7] Chen X，Xu C，Tan Z. An analysis of relationships among plant community phenology and
     season metrics of Normalized Difference Vegetation Index in the northern part of the monsoon
     region of China [J]. International Journal of Biometeorology，2001，45：170-177.

[8] Colwell R K，Brehm G，Cardelús C L，et al. Global warming，elevational range shifts and
     lowland biotic attrition in the wet tropics [J]. Science，2008，322：258-261.

[9] Dybas C L. On a collision course：ocean plankton and climate change [J]. Bioscience，2006，
     56（8）：642-646.

[10] Ellis C J，Coppins B J，Dawson T P. Predicted response of the lichen epiphyte Lecanora
     populicola to climate change scenarios in a clean-air region of Northern Britain [J]. Biological
     Conservation，2007，135（3）：396-404.

[11] Elmendorf S C，Henry G H R，Hollister R D，et al. Global assessment of experimental climate warming on tundra vegetation：heterogeneity over space and time[J]. Letters，2012，15（2）：164-175.

[12] Fan J，Li J，Xia R，et al. Assessing the impact of climate change on the habitat distribution of the giant panda in the Qinling Mountains of China [J]. Ecological Modelling，2014，274（2）：12-20.

[13] Gaur U N，Raturi G P，Bhatt A B. Quantitative response of vegetation in glacial moraine of central himalaya[J]. Environmentalist，2003，23（3）：237-247.

[14] Ge Q，Wang H，Rutishauser T，et al. Phenological response to climate change in China：a meta‐analysis [J]. Global Change Biology，2015（21）：265-274.

[15] Gonzalez P. Desertification and a shift of forest species in the West African Sahel [J]. Climate Research，2001，17（2）：217-228.

[16] Grabherr G，Gottfried M，Paull H. Climate effects on mountain plants [J]. Nature，1994，369（6480）：448.

[17] Hersteinsson P，MacDonald D W. Interspecific competition and the geographical distribution of red and arctic foxes Vulpes vulpes and Alopex lagopus[J]. Oikos，1992，64：505-515.

[18] Hitch A T，Leberg P L. Breeding distributions of North American bird species moving north as a result of climate change[J]. Conservation Biology，2007，21（2）：534-539.

[19] Holman I P，Nicholls R J，Berry P M，et al. A regional，multi-sectoral and integrated assessment of the impacts of climate and socio-economic change in the UK [J]. Climatic Change，2005，71（1-2）：43-73.

[20] Huntley B，Collingham Y C，Green R E，et al. Potential impacts of climatic change upon geographical distributions of birds [J]. Ibis，2010，148（s1）：8-28.

[21] Intergovernmental Panel on Climate change（IPCC）. Climate Change 2014：Synthesis Report. Contribution of Working Groups Ⅰ，Ⅱ and Ⅲ to the Fifth Assessment Report of the Intergovernmental Panel on Climate Change[R]. Geneva，Switzerland：IPCC，2014.

[22] Intergovernmental Panel on Climate change（IPCC）. Climate Change and Biodiversity. IPCC technical paper V[R]. Cambridge，UK：Cambridge University Press，2002.

[23] Jägerbrand A K，Lindblad K E M，Björk R G，et al. Bryophyte and lichen diversity under simulated environmental change compared with observed variation in unmanipulated Alpine Tundra[J]. Biodiversity & Conservation，2006，15（14）：4453-4475.

[24] Jepsen J U，Kapari L，Hagen S B，et al. Rapid northwards expansion of a forest insect pest attributed to spring phenology matching with sub-Arctic birch[J]. Global Change Biology，2010，17（6）：2071-2083.

[25] Källander H，Hasselquist D，Hedenström A，et al. Variation in laying date in relation to spring temperature in three species of tits（Paridae） and pied flycatchers Ficedula hypoleuca in southernmost Sweden[J]. Journal of Avian Biology，2017，48（1）：83-90.

[26] Kari Klanderud，Ørjan Totland. Simulated climate change altered dominance hierarchies and diversity of an alpine biodiversity hotspot [J]. Ecology，2005，86（8）：2047-2054.

[27] Kaufmann R，Fuchs M，Gosterxeier N. The soil fauna of an Alpine Glacier Foreland：colonization and succession [J]. Arctic Antarctic and Alpine Research，2002，34（3）：242-250.

[28] Kelly A E，Goulden M L. Rapid Shifts in Plant Distribution with Recent Climate Change [J]. Proceedings of the National Academy of Sciences of the United States of America，2008，105（33）：11823-11826.

[29] Kissling W D，Eiserhardt W L，Baker W J，et al. Cenozoic imprints on the phylogenetic structure of palm species assemblages worldwide[J]. Proceedings of the National Academy of Sciences of the United States of America，2012，109（19）：7379-7384.

[30] Kullman. 20th Century Climate Warming and Tree-limit Rise in the Southern Scandes of Sweden [J]. AMBIO - A Journal of the Human Environment，2001，30（2）：72-80.

[31] Lemoine N，Schaefer H C，Bohning G K. Species richness of migratory birds is influenced by global climate change [J]. Global Ecology and Biogeography，2007，16：55-64.

[32] Lenoir J，Gégout J C，Marquet P A，et al. A significant upward shift in plant species optimum

elevation during the 20th century[J]. Science，2008，320：1768-1771.

[33] Ma T，Zhou C. Climate-associated changes in spring plant phenology in China [J]. International Journal of Biometeorology，2012，56（2）：269-275.

[34] Maclean L M D，Wilson R J. Recent ecological responses to climate change support predictions of high extinction risk [J]. Proceedings of the National Academy of Sicences of the United States of America，2011，108（30）：12337-12342.

[35] Menzel A. Plant Phenological Anomalies in Germany and their Relation to Air Temperature and NAO [J]. Climatic Change，2003，57（3）：243-263.

[36] Michel Bakkenes，Bas Eickhout，Rob Alkemade. Impacts of different climate stabilisation scenarios on plant species in Europe [J]. Global Environmental Change，2006，16（1）：19-28.

[37] Morales C G，Ortega M. Recent trends and temporal behavior of thermal variables in the region of Castilla-León（Spain）[J]. Atmósfera，2005，18（2）：71-90.

[38] Murphy-Klassen H M，Underwood T J，Sealy S G，et al. Long-term trends in spring arrival dates of migrant birsd at delta marsh，manitoba，in relation to climate change[J]. The Auk，2005，122（4）：1130-1148.

[39] Ni J. Impacts of climate change on Chinese ecosystems：key vulnerable regions and potential thresholds [J]. Regional Environmental Change，2011，11（1）：49-64.

[40] Parmesan C，Yohe G. A globally coherent fingerprint of climate change impacts across natural systems [J]. Nature，2003，421：37-42.

[41] Parmesan C. Climate and species range [J]. Nature，1996，382：765-766.

[42] Peh K S H. Potential effects of climate change on elevational distributions of tropical birds in southeast Asia [J]. The Condor，2007（2）：2.

[43] Perry J E，Atkinson R B. York River Tidal Marshes [J]. Journal of Coastal Research，2009，25：40-49.

[44] Pounds J A，Michael P L F，John H C. Biological response to climate change on a tropical mountain [J]. Nature，1999，398（6728）：611-615.

[45] Roy D B，Sparks T H．Phenology of British butterflies and climate change [J]. Global Change Biology，2000，6：407-416.

[46] Shoo L P，Williams S E，Hero J M. Climate warming and the rainforest birds of the Australian Wet Tropics：Using abundance data as a sensitive predictor of change in total population size [J]. Biological Conservation，2005，125（3）：335-343.

[47] Sparks T，Humphrey C，Lan W，et al. Climate change and phenology in the United Kingdom. Edited by Green E R，Harley M，Spalding M and Zockler C.Impacts of Climate Change on Wildlife [J]. RSPB，UK，2001：53-55.

[48] Tan K. Satellite-based estimation of biomass carbon stocks for northeast China's forests between 1982 and 1999[J]. Forest ecology and management，2007，240（1-3）：114-121.

[49] Thomas C D，Lennon J J. Birds extend their ranges northwards [J]. Nature，1999，399（6733）：213-213.

[50] Thuiller W. Biodiversity：climate change and the ecologist [J]. Nature，2007，448（7153）：550-552.

[51] Valiela，Ivan，Bowen，et al. Shifts in winter distribution in birds：effects of global warming and local habitat change[J]. Ambio，2003，32（7）：476-480.

[52] Vretare V，Weisner S E B，Strand J A，et al. Phenotypic plasticity in Phragmites australis as a functional response to water depth[J]. Aquatic Botany，2001，69（2-4）：127-145.

[53] Walther G R，Beissner S，Burga C A. Trends in the upward shift of alpine plants [J]. Journal of Vegetation Science，2005，16：541-548.

[54] Wang H，Ni J，Prentice I C. Erratum to：sensitivity of potential natural vegetation in China to projected changes in temperature，precipitation and atmospheric CO_2[J]. Regional Environmental Change，2011，11（3）：729-729.

[55] Wilson R J，Gutiérrez D，Gutiérrez J，et al. Changes to elevational limits and extent of species ranges associated with climate change[J]. Ecology Letters，2005，8：1138-1146.

[56] Xiao Y，Tang J，Qing H，et al. Clonal integration enhances flood tolerance of Spartina

alterniflora daughter ramets[J]. Aquatic Botany，2010，92（1）：9-13.

[57] Zemp M，Haeberli W，Hoelzle M，et al. Alpine glaciers to disappear within decades [J]. Geophysical Research Letters，2006，33（L13504）：1-4.

[58] Zhao D，Wu S. Responses of vegetation distribution to climate change in China [J]. Theoretical & Applied Climatology，2014，117（1-2）：15-28.

[59] 蔡晓明. 生态系统生态学[M]. 北京：科学出版社，2000.

[60] 常兆丰，邱国玉，赵明，等. 民勤荒漠区植物物候对气候变暖的响应[J]. 生态学报，2009，29（10）：5195-5206.

[61] 陈宝红，周秋麟，杨圣云. 气候变化对海洋生物多样性的影响[J]. 台湾海峡，2009，28（3）：437-444.

[62] 陈效逑，张福春. 近50年北京春季物候的变化及其对气候变化的响应[J]. 中国农业气象，2001，22（1）：2-6.

[63] 邓晨晖，白红英，翟丹平，等. 气候变化背景下1964—2015年秦岭植物物候变化[J]. 生态学报，2017，37（23）：7882-7893.

[64] 邓自发，欧阳琰，谢晓玲，等. 全球变化主要过程对海滨生态系统生物入侵的影响[J]. 生物多样性，2010，18（6）：605-614.

[65] 杜寅，周放，舒晓莲，等. 全球气候变暖对中国鸟类区系的影响[J]. 动物分类学报，2009，34（3）：664-674.

[66] 刚成诚，王钊齐，杨悦，等. 近百年全球草地生态系统净初级生产力时空动态对气候变化的响应[J]. 草业学报，2016，25（11）：1-14.

[67] 高如峰. 海平面上升对我国沿海生态环境的影响[J]. 科技资讯，2012（25）：181-183.

[68] 高志勇，谢恒星，李吉锋，等. 气候变化对湿地生态环境及生物多样性的影响[J]. 山地农业生物学报，2017，36（2）：57-60.

[69] 郭飞燕，綦东菊，周斌，等. 青岛地区气候变化对动物物候变化的影响研究[J]. 气候变化研究进展，2019，15（1）：62-73.

[70] 郭笑怡，张洪岩. 生态地理分区框架下的大兴安岭植被动态研究[J]. 地理科学，2013，33

（2）：181-188.

[71] 韩芳，刘朋涛，牛建明，等. 50 年来内蒙古荒漠草原气候干燥度的空间分布及其演变特征[J]. 干旱区研究，2013，30（3）：449-456.

[72] 韩福贵，徐先英，王理德，等. 民勤荒漠区典型草本植物马蔺的物候特征及其对气候变化的响应[J]. 生态学报，2013，33（13）：4156-4164.

[73] 黄梅丽，李耀先，廖雪萍，等. 桂林动物物候对气候变化的响应分析[J]. 安徽农业科学，2011，39（17）：10436-10438.

[74] 黄珍珠，李春梅，翟志宏，等. 广东省自然物候对气候变暖的响应[J]. 生态环境学报，2012，21（6）：991-996.

[75] 贾庆宇，王笑影，吕国红，等. 辽宁省气候—植被指标时空变化特征及森林适宜性分析[J]. 生态环境学报，2010，19（9）：2031-2035.

[76] 江铭诺，刘朝顺，高炜. 华北平原夏玉米潜在产量时空演变及其对气候变化的响应[J]. 中国生态农业学报，2018，26（6）：865-876.

[77] 焦珂伟，高江波，吴绍洪，等. 植被活动对气候变化的响应过程研究进展[J]. 生态学报，2018，38（6）：2229-2238.

[78] 孔祥胜. 湖口县气候变化对油菜花花期的影响分析[J]. 种子科技，2018，36（12）：114，117.

[79] 雷军成，王莎，王军围，等. 未来气候变化对我国特有濒危动物黑麂适宜生境的潜在影响[J]. 生物多样性，2016，24（12）：1390-1399.

[80] 李博. 生态学[M]. 北京：高等教育出版社，2000.

[81] 李峰，周广胜，曹铭昌. 兴安落叶松地理分布对气候变化响应的模拟[J]. 应用生态学报，2006，17（12）：2255-2260.

[82] 李佳. 秦岭地区濒危物种对气候变化的响应及脆弱性评估[D]. 北京：中国林业科学研究院，2017.

[83] 李荣平，周广胜. 1980—2005 年中国东北木本植物物候特征及其对气温的响应[J]. 生态学杂志，2010，29（12）：2317-2326.

[84] 李世忠，谭宗琨，夏小曼，等. 桂北动物物候气候变暖响应[J]. 气象科技，2010，38（3）：377-382.

[85] 李英年，张景华. 祁连山区气候变化及其对高寒草甸植物生产力的影响[J]. 中国农业气象，1997，18（2）：31-34.

[86] 梁艳，干珠扎布，张伟娜，等. 气候变化对中国草原生态系统影响研究综述[J]. 中国农业科技导报，2014，16（2）：1-8.

[87] 刘胜利. 气候变化对我国双季稻区水稻生产的影响与技术适应研究[D]. 北京：中国农业大学，2018.

[88] 刘世荣，郭泉水，王兵. 中国森林生产力对气候变化响应的预测研究[J]. 生态学报，1998，18（5）：3-5.

[89] 刘世荣，温远光，蔡道雄，等. 气候变化对森林的影响与多尺度适应性管理研究进展[J]. 广西科学，2014，21（5）：419-435.

[90] 刘艳萍，申国珍，李景文. 大熊猫栖息地质量评价研究进展[J]. 广东农业科学，2012，39（22）：193-198.

[91] 刘洋，张健，杨万勤. 高山生物多样性对气候变化响应的研究进展[J]. 生物多样性，2009，17（1）：88-96.

[92] 罗文泊，谢永宏，宋凤斌. 洪水条件下湿地植物的生存策略[J]. 生态学杂志，2007，26（9）：1478-1485.

[93] 马松梅，魏博，李晓辰，等. 气候变化对梭梭植物适宜分布的影响[J]. 生态学杂志，2017，36（5）：1243-1250.

[94] 孟焕，王琳，张仲胜，等. 气候变化对中国内陆湿地空间分布和主要生态功能的影响研究[J]. 湿地科学，2016，14（5）：710-716.

[95] 牟艳玲，赵文龙，陈亚雄，等. 中国北方森林潜在分布及其对气候变化响应的模拟[J]. 兰州大学学报（自然科学版），2010，46（S1）：25-32.

[96] 欧英娟，彭晓春，周健，等. 气候变化对生态系统脆弱性的影响及其应对措施[J]. 环境科学与管理，2012，37（12）：136-141.

[97] 彭少麟，李勤奋，任海. 全球气候变化对野生动物的影响[J]. 生态学报，2002，22（7）：1153-1159.

[98] 祁如英. 青海省动物物候对气候变化的响应分析[J]. 青海气象，2006（1）：28-31.

[99] 任月恒. 基于时空尺度的东北地区黑嘴松鸡种群分布变化趋势研究[D]. 北京：北京林业大学，2016.

[100] 苏力德，杨劼，万志强，等. 内蒙古地区草地类型分布格局变化及气候原因分析[J]. 中国农业气象，2015，36（2）：139-148.

[101] 孙玉诚，郭慧娟，戈峰. 昆虫对全球气候变化的响应与适应性[J]. 应用昆虫学报，2017，54（4）：539-552.

[102] 谭晓林，张乔民. 红树林潮滩沉积速率及海平面上升对我国红树林的影响[J]. 海洋通报，1997，16（4）：29-35.

[103] 王超，贾翔，金慧，等. 红松对气候变化响应的研究进展[J]. 北华大学学报（自然科学版），2018，19（6）：728-731.

[104] 王妲，李明诗. 气候变化对森林生态系统的主要影响述评[J]. 南京林业大学学报（自然科学版），2016，40（6）：167-173.

[105] 王玉君，李玉杰，张晋东. 气候变化对大熊猫影响的研究进展[J]. 野生动物学报，2018，39（3）：709-715.

[106] 王占彪，陈静，毛树春，等. 气候变化对河北省棉花物候期的影响[J]. 棉花学报，2017，29（2）：177-185.

[107] 王智，柏成寿，徐网谷，等. 我国自然保护区建设管理现状及挑战[J]. 环境保护，2011，39（4）：18-20.

[108] 韦兴平，石峰，樊景凤，等. 气候变化对海洋生物及生态系统的影响[J]. 海洋科学进展，2011，29（2）：241-252.

[109] 吴建国，周巧富. 气候变化对6种荒漠动物分布的潜在影响[J]. 中国沙漠，2011，31（2）：464-475.

[110] 吴军，徐海根，陈炼. 气候变化对物种影响研究综述[J]. 生态与农村环境学报，2011，27

（4）：1-6.

[111]吴伟伟，徐海根，吴军，等. 气候变化对鸟类影响的研究进展[J]. 生物多样性，2012，20（1）：108-115.

[112]邢宇. 青藏高原32年湿地对气候变化的空间响应[J]. 国土资源遥感，2015，27（3）：99-107.

[113]徐大伟. 呼伦贝尔草原区不同草地类型分布变化及分析[D]. 北京：中国农业科学院，2019.

[114]徐靓. 气候变化对自然保护区的影响及法律对策研究[D]. 杭州：浙江农林大学，2012.

[115]许吟隆. 气候变化对中国农业生产的影响与适应对策[J]. 农民科技培训，2018，205（11）：29-31.

[116]於琍，曹明奎，陶波，等. 基于潜在植被的中国陆地生态系统对气候变化的脆弱性定量评价[J]. 植物生态学报，2008，32（3）：521-530.

[117]於琍，许红梅，尹红，等. 气候变化对陆地生态系统和海岸带地区的影响解读[J]. 气候变化研究进展，2014，10（3）：179-184.

[118]苑全治，刘映刚，陈力. 气候变化下陆地生态系统的脆弱性研究进展[J]. 中国人口·资源与环境，2016，26（S1）：198-201.

[119]翟佳，袁凤辉，吴家兵. 植物物候变化研究进展[J]. 生态学杂志，2015，34（11）：3237-3243.

[120]张明军，周立华. 气候变化对中国森林生态系统服务价值的影响[J]. 干旱区资源与环境，2004，18（2）：40-43.

[121]张微，姜哲，巩虎忠，等. 气候变化对东北濒危动物驼鹿潜在生境的影响[J]. 生态学报，2016，36（7）：1815-1823.

[122]赵东升，吴绍洪. 气候变化情景下中国自然生态系统脆弱性研究[J]. 地理学报，2013，68（5）：602-610.

[123]郑凤英，邱广龙，范航清，等. 中国海草的多样性、分布及保护[J]. 生物多样性，2013，21（5）：517-526.

[124]郑刚. 基于ANN和CA的气候变化对中国森林分布影响的模拟与预测[D]. 重庆：西南大学，2010.

[125]郑景云，葛全胜，郝志新. 气候增暖对我国近40年植物物候变化的影响[J]. 科学通报，2002，

47（20）：1582-1587.

[126] 仲舒颖，郑景云，葛全胜. 近 40 年中国东部木本植物秋季叶全变色期变化[J]. 中国农业气象，2010，31（1）：1-4.

[127] 仲晓春，陈雯，刘涛，等.2001—2010 年中国植被 NPP 的时空变化及其与气候的关系[J]. 中国农业资源与区划，2016，37（9）：16-22.

[128] 周广胜，许振柱，王玉辉. 全球变化的生态系统适应性[J]. 地球科学进展，2004，19（4）：642-649.

第 4 章

自然保护区气候变化风险

【内容提要】本章在气候变化风险有关研究的基础上，分析和总结了气候变化对自然保护区保护对象、保护功能等的主要风险，结合国内外气候变化风险界定和识别的研究成果，阐明了自然保护区气候变化风险定义及其内涵与形成机理，为自然保护区气候变化风险评估和管理提供了概念基础。

4.1　气候变化风险概念

由于气候情景、模型参数、社会经济情景等的不确定性，目前对气候变化影响和脆弱性的研究仍存在较大难度，导致人类难以针对气候变化的不利影响实施有效的应对和管理（IPCC，2001）。在此基础上，考虑到风险管理方法在决策支持方面的各种优势（不确定性管理的方法、利益相关者的参与、政策选择的方法评估、多学科研究的综合等），IPCC 评估报告将风险纳入气候变化领域，关注不同升温情景下自然和人类系统面临的气候变化风险（张月鸿等，2008；李莹等，2014）。其中，IPCC 第四次评估报告认为气候变化风险研究是继影响、适应性、脆弱性以及综合研究后的又一重要研究内容，特别强调要在风险管理框架下采用更为系统的风险评估和管理方法开展气候变化影响研究；IPCC 第五次评估报告则以气候变化风险为核心概念，建立了基于风险管理应对气候变化的基本理念框架，对当前及未来各国应对气候变化政策与行动产生了重要的推动作用（姜彤等，2014；吴绍洪等，2018）。同时，气候变化风险也是各研究领域的热点问题，学者们分别从不同角度展开讨论，取得了大量有价值的研究成果。

截至目前，IPCC 共发布了 5 次评估报告，对气候变化风险问题的认识也不断深入（李莹等，2014）。其中，IPCC 第三次评估报告将风险看作全球平均温度的函数，首次提出并评估了不同升温情景下气候变化"关注理由"（Reason For Concern，RFC）的风险水平，判定出构成《联合国气候变化框架公约》中提到的"对气候系统产生危险的人为干扰"的关键风险。IPCC 第三次评估报告对气候变化风险的评估是建立在一个评估关键脆弱性的框架内，并认为与气候变化相关的风险评估需要考虑不同区域、国家和领域的脆弱性分布，而且气候变化的脆弱性随影响程度、敏感性和适应能力的不同而发生变化。IPCC 第四次评估报告对气候变化风险的讨论也是建立在一个评估关键脆弱性的框架内，关键脆弱性与许多对气候敏感系统有关，如粮食供应系统、基础设施系统、卫生系统、水资源系统、海岸带系统、生态系统等。在 IPCC 第四次评估报告中，许多风险与 IPCC 第三次评估报告相比被认为具有更高的可信度。气候变化风险评估表明，不仅在升温幅度较大的情景下，某些风险会加大，即使升温幅度较小，风险也可能发生。同时，IPCC 第四次评估报告讨论的脆弱性包含了暴露度和适应气候变化风险的能力。IPCC 第五次评估报告第二工作组（WG II）报告专列一章讨论"新生风险和关键脆弱性"，目的是在前 4 次评估报告的基础上，综合最新发表的研究成果，评估与气候变化风险相关的人类和社会生态系统的暴露度和脆弱性，研究不断变化的气候系统与人类和社会生态系统的相互作用，归纳复杂的相互作用所产生的关键风险以及在人类主动适应行为方式下产生的新生风险，并利用最新的排放情景和社会经济情景，评估未来气候变化的风险（李莹等，2014）。

总体上，国内学者也开始认识到气候变化风险研究的重要性与必要性，并呼吁尽快系统地开展我国的气候变化风险研究。科学评估气候变化风险和开展有针对性的风险管理行动成为应对气候变化的有效途径（吴绍洪等，2011）。针对风险的间接性、相互性和连锁性以及风险产生因子之间相互作用的复杂性，IPCC 第五次评估报告专门提出了新生风险和关键风险的概念。

4.1.1 新生风险

除气候变化的直接影响外，不同部门和区域的人类和社会生态系统的脆弱性与适应之间的相互作用、适应与减缓行动之间的相互作用等也会加大脆弱性，形成风险。但是这些相互作用所产生的风险在 IPCC 前 4 次评估报告中没有被识别或评估过，在以往研究中也没有很好地综合到未来气候变化影响的预估中。认识这些相互作用所产生的风险，有助于全面、深入理解全球气候变化及其影响带来的风险，有助于制定和实施更具针对性、更为有效的管理措施，以避免风险或降低风险。

基于最新研究成果，IPCC 第五次评估报告对不同部门和区域的人类和社会生态系统脆弱性与适应的相互作用、适应与减缓行动之间的相互作用等所导致的风险进行了归纳总结，提出了一些新生风险（李莹等，2014），主要包括：

❖ 随着生物多样性提供的生态系统服务逐渐缺失，气候变化对人类系统(如农业和水供给) 的风险是增加的，这些生态系统服务包括水源净化、极端天气事件防御、土壤保持、营养循环和作物授粉等，以上认识具有高信度。基于 IPCC 第四次评估报告的研究广泛证实，即使是最低限度的增暖也可导致大量物种灭绝风险的上升。

❖ 气候变化框架下对水资源、土地和能源的管理会导致风险。例如，在一些缺水地区，气候变化影响区域地下水资源变化的同时，地下水的存储在历史上作为气候变化影响缓冲器的作用也在逐渐削弱，给人类和社会生态系统带来不利影响；再如为减缓气候变化的能源作物生产所导致的土地利用变化，或在一些情景下，在较长时间尺度内（年代到世纪），温室气体排放增加的同时也降低了粮食安全。

❖ 气候变化通过增加暴露度和脆弱性的多重压力，可对人类健康产生不利影响。研究结果表明，气候变化与粮食安全间的相互作用会加剧个体营养不良，增加个体对一系列疾病的脆弱性。

❖ 与气候变化有关的灾害和各种脆弱性导致的严重灾害和损失的风险在大城市和处于低洼海岸带的乡村地区非常高，这类风险具有高可信度。上述地区通常以人口不断增加为特点，暴露于多重灾害，且关键基础设施潜在不足，正在产生新的系统性风险。如亚洲大三角洲地区，那里的人们将遭受海平面上升、风暴潮、海岸侵蚀、海水入侵和洪水的影响。

❖ 不同领域的影响在空间上的叠置可导致许多地区出现复合风险，这类风险具有中等可信度。例如，在北极，海冰的消融使得运输中断，损坏了建筑或其他基础设施，甚至潜在地破坏了因纽特文化；密克罗尼西亚群岛、马里亚纳群岛、巴布亚新几内亚周边地区由于海表温度上升和海洋酸化，珊瑚礁受到了极大的威胁。

可以看出，气候变化风险不仅来自气候变化本身，同时也来自人类社会发展和治理过程。一方面，新生风险是由间接、跨界或长距离的气候变化影响引起的。例如，由于社会经济联系，局地气候变化影响会因粮食供应、人口迁移、经济波动等增加远距离地区的风险，特别是气候变化对暴力冲突的影响。另一方面，新生风险是由适应、减缓气候变化及其之间的相互作用引起的。例如，许多物种通过迁徙适应气候变化，对生态系统结构功能、生态系统服务、生物多样性等产生不利影响，这也对生态保护工作提出了新的挑战。

4.1.2 关键风险

关键风险是指不利的气候变化和自然影响同暴露的社会生态系统的脆弱性发生相互作用，从而对人类和社会生态系统造成潜在的不利后果。换言之，关键风险是与《联合国气候变化框架公约》中描述的"危险的人为干扰"相关的潜在严重影响（李莹等，2014）。

关键风险是与危险的人类干扰相关的潜在的严重影响，包含潜在的、巨大的和不可逆的后果，以及有限的适应能力（姜彤等，2014）。关键风险的判断标准包括影响的时效性、持续脆弱性或暴露度、适应、减缓或减轻风险的局限性，以及高强度、高概率或不可逆性。成为关键风险是由于灾害的高危险性或由于暴露于灾害下的系统的高脆弱性，或两者兼而有之（李莹等，2014）。

自 IPCC 第三次评估报告首次提出气候变化"关注理由"的概念以来，IPCC第四次评估报告分别总结了升温 2℃、3℃和 4℃的情景下，气候变化对水资源、农业和生态等领域的关键风险。IPCC 第五次评估报告进一步总结了气候变化对自然和人类系统产生的 8 种关键风险，归纳了不同升温阈值（相对 1986—2005 年基准期，升温 1.5℃、2℃、3℃和 4℃）下的五个气候变化关注理由的风险水平（表4-1）（李莹等，2014），例如，海洋和海岸生态系统、生物多样性和沿海生态系统（特别是热带和北极渔民）损失的风险，其对应的关注理由包括独特且受威胁的濒危系统、极端天气事件和全球综合影响；陆地和内陆水生态系统、生物多样性及相关生态系统功能损失的风险,其对应的关注理由包括独特且受威胁的濒危系统、影响的分布和全球综合影响（姜彤等，2014）。

表 4-1　关键风险及其主要关注理由

序号	关键风险	关注理由
1	低洼地区和小岛屿发展中国家及其他小岛屿由于风暴潮、海岸洪水和海平面上升面临的伤亡、亚健康和生计中断的风险	独特且受威胁的濒危系统，极端天气事件，影响的分布，全球综合影响，大范围、影响大的事件
2	由于内陆洪水，大量城镇人口面临的严重亚健康和生计中断的风险	极端天气事件，影响的分布
3	由于极端天气事件导致的基础设施网络和关键服务业（如电力、供水设施和健康、应急服务）中断带来的系统性风险	极端天气事件，影响的分布，全球综合影响
4	极端高温期间，城市脆弱人口以及城乡户外工作者发病和意外死亡的风险	极端天气事件，影响的分布
5	与升温、干旱、洪水、降水变率、极端事件等相关的粮食安全和食物系统中断的风险，特别是城市和农村贫困人口的粮食供应	极端天气事件，影响的分布，全球综合影响
6	由饮用水和灌溉用水不足以及农业产量减少（特别是对半干旱区域的农牧民）带来的农村生计问题和收入损失的风险	极端天气事件，影响的分布
7	海洋和海岸生态系统、生物多样性和沿海生态系统（特别是对热带和北极渔民）损失的风险	独特且受威胁的濒危系统，极端天气事件，全球综合影响
8	陆地和内陆水生态系统、生物多样性及相关生态系统功能损失的风险	独特且受威胁的濒危系统，影响的分布，全球综合影响

4.2　自然保护区气候变化风险机理分析和概念界定

自然保护区是有代表性的自然生态系统、珍稀濒危野生动植物物种的天然集中分布区，也是野生动植物物种、生态系统、生物多样性保护的法定区域与有效途径。现行自然保护区建设和管理模式，以具有相对固定的空间布局、保护边界和功能分区为主要特征，在防范不合理人类活动干扰和破坏方面发挥了极为重要的作用。但是现有自然保护区多是基于野生动植物物种、生态系统等现状分布而设计的，难以满足未来气候变化情景下物种、生态系统、生物多样性等生态保护需求（雷军成，2016）。

气候变化影响下野生动植物物种、自然生态系统等保护对象分布是否与自然保护区相匹配，是自然保护区适应气候变化的重要方面，也是自然保护区建设和管理面临的主要挑战。气候变化对野生动植物物种地理分布，物候期，生态系统分布、结构、功能，以及生物多样性、人类活动等方面的不利影响，加之当前自然保护区建设和管理存在的主要问题，降低了自然保护区对气候变化的适应能力，形成了自然保护区气候变化风险，即气候变化对自然保护区保护对象、保护功能的风险，导致气候变化背景下自然保护区面临保护对象减少、灭绝和保护功能削弱、丧失等风险。

4.2.1 自然保护区气候变化风险机理分析

4.2.1.1 气候变化对保护对象的风险

（1）气候变化对保护对象生境产生不利影响，使得野生生物类、自然生态系统类自然保护区保护对象面临消失、灭绝等风险。

气候变化对自然保护区保护对象赖以生存的生境的不利影响，加剧了生境面积的萎缩及其对保护对象适宜性和承载能力的下降，导致自然保护区保护对象面临濒危程度加剧、数量减少甚至灭绝等风险。例如，美国一些自然保护区的动植物已受到气候变化的显著不利影响，从马萨诸塞州的瓦尔登湖到怀俄明州的黄石国家公园的物种均有所减少（李海东等，2015）。

在我国，气候变化也会导致部分自然保护区保护对象赖以生存的生境出现面积减少、破碎度增加、适宜性下降等变化，形成气候变化对自然保护区保护对象的风险。其中，若尔盖湿地国家级自然保护区以高寒沼泽湿地及濒危鸟类黑颈鹤等野生动物为主要保护对象，1971—2010 年保护区平均气温、年潜在蒸散量明显上升，降水量、地表湿润度下降，气候变化表现出明显的暖干化趋势（王建兵等，2015），保护区内沼泽面积和季节性沼泽面积减少，湿地面积呈缩减衰退的变化趋势（左丹丹等，2019），湿地破碎化程度越来越大，对黑颈鹤的繁衍生存构成了较大威胁（张国钢等，2013）；内蒙古鄂尔多斯遗鸥国家级自然保护区以遗鸥及湿地生态系统为主要保护对象，是全球唯一一处以保护遗鸥及其栖息地生态环境为宗旨的国际重要湿地，2000—2015 年保护区水面面积缩减 73.42%，且主要发生在保护区核心区，导致遗鸥的主要栖息地迅速萎缩，遗鸥由 2000 年的万余只至 2005 年基本消失，其后 10 年间一直处于消失状态，其中温度上升、湿度下降引起的保护区流域自然产水量减少是保护区生境变化的主要原因（王玉华等，2017）；青海湖国家级自然保护区以黑颈鹤、斑头雁、棕头鸥等水禽及湿地生态系统为主要保护对象，1974—2016 年青海湖面积总体上呈减少趋势，特别是 1974—2004 年青海湖在气温上升、降水减少、蒸发增加等气候变化影响下出现水面萎缩、水位下降、岸线后退、沙砾裸露、沙化扩大等现象（骆成凤等，2017），导致保护区湿地生态系统退化，26 种鸟类消失（马瑞俊等，2006）；在珠穆朗玛峰国家级自然保护区，气温显著上升、降水减少等气候暖干化致使保护区冰川处于退缩状态，1976—2006年保护区冰川总面积减少 15.63%，年均减少约 16.73 km^2，导致雪豹赖以生存的栖息地（积雪环境）逐渐向更高海拔地区缩减，并呈零星斑块状分布，主要保护对象——雪豹面临近亲繁殖、数量减少甚至在局部地区灭绝等风险（聂勇等，2010）；达里诺尔国家级自然保护区地处干旱半干旱草原地区，1985—2014 年保护区气候变化呈暖干化趋势，年均气温上升，年均降水量下降，其中湿地面积与降水量、气温分别呈正相关关系、负相关关系，气候暖干化导致保护区黑颈鹤等珍稀鸟类赖以生存的沼泽湿地面积总体呈现减少趋势，对保护区黑颈鹤等珍稀鸟类及其生境等主要保护对象构成风险威胁（赵卫等，2016；杨晓潇等，2019）。

（2）气候变化造成的物候期改变、病虫害加剧、极端气候事件等也是自然保护区气候变化风险的主要风险源，造成保护对象数量减少、面临灭绝等风险。

从气候变化对物候期的影响看，气候变暖导致俄罗斯北极特别自然保护区内北极熊和北美驯鹿的物候期改变，保护对象不能如期繁殖或繁殖失败，使得保护对象个体数量显著减少，面临灭绝风险。从气候变化对病虫害的影响看，近 30 多年来河北省小五台山国家级自然保护区气温平均升高 1.6℃左右，森林病虫害种类相应增加，原有病虫害的水平分布范围和垂直分布范围扩大，病虫害发生频率和危害程度也有所增加，病虫害发生与气候变暖的关系日益显现，形成气候变化对保护区温带森林生态系统等主要保护对象的风险（郑斌等，2011）。从极端气候事件的影响看，2008 年江西鄱阳湖国家级自然保护区遭受严重的冰雪冻灾，其引起的恶劣气候、食物短缺等对保护区内白琵鹭造成直接伤害，导致之后两年在保护区越冬的白琵鹭种群数量大幅下降（李佳等，2014）。同时，气候变化对自然保护区周边人类活动的影响会加剧自然保护区气候变化风险。由于气候变化引起的区域性干旱，在内蒙古鄂尔多斯遗鸥国家级自然保护区的周边出现了在河道上建设蓄水坝、在湿地上开垦农田以及过度开采利用地下水等现象，引起地下水水位下降，破坏湿地水源供给，导致保护区湿地生境面积缩减、遗鸥数量明显减少等风险（王玉华等，2017）。

4.2.1.2 气候变化对保护功能的风险

气候变化对野生动植物物种地理分布、适宜生境、物候期等的改变，使得自然保护区的保护对象或其赖以生存的生境出现相对于其保护边界和功能分区的迁移，将导致自然保护区对保护对象的保护功能面临削弱、丧失的风险。研究表明，气候变化情景下（温度升高 1℃、降水减少 10%；温度升高 2℃、降水减少 10%；温度升高 2℃、降水减少 15%），墨西哥中部自然保护区的物种将超出保护区范围，导致保护对象因脱离自然保护区的保护而面临灭绝风险（Téllez-Valdés et al.，2003）。在我国，气候变化对朱鹮潜在生境的影响分析表明，气候变化影响下朱鹮潜在生境将逐渐北移，其生境中心将脱离现在的保护区，使得保护区对朱鹮及其生境的保护功能面临削弱、丧失的风险（翟天庆等，2012）；黑龙江扎龙国家级自然保护区以丹顶鹤等珍禽及湿地生态系统为保护对象，1979—2006 年暖干的气候变化趋势导致保护区湿地生态系统水文条件的变化，使沼泽地向耕地转化过程加快，引起湿地退化及沼泽地面积比例减少，导致沼泽地、草地等出现相对于核心区的北移趋势，削弱了自然保护区对保护对象及其赖以生存的湿地生境的保护功能（沃晓棠，2010）。

气候变化影响下物种是否仍旧能分布在自然保护区，也是气候变化对自然保护区保护功能的风险的重要方面（吴建国等，2009）。Hitz 等（2004）研究发现，气温升高 3℃，50% 的自然保护区将不能再容纳目前分布的物种。气候变化后，道格拉斯冷杉森林保护区内 57% 的物种目前的适宜范围将不再适宜，保护区的保护功能削弱，物种灭绝风险增加（Coulston et al.，2005）。Araujo 等（2004）对欧洲 1 200 种植物的分析发现，6%～11% 的物种在 50 年内将从目前保护区内完全消失。其中，栖息地变化是影响物种对气候变化适应能力的主要因素。气温升高 2～4℃，新热带圭亚那高地本土维管束植物中 10%～30% 的物种将丧失其栖息地而面临局地灭绝的风险（Rull V et al.，2006）。

可以看出，气候变化背景下自然保护区生境对物种是否适宜、物种是否仍然分布于自然保护区，将直接影响自然保护区对物种及其赖以生存的生境等保护对象的保护功能，将直接关系到自然保护区的保护功能和保护对象是否面临风险。同时，自然保护区空间布局、保护边界、功能分区等调整滞后于气候变化对野生动植物物种地理分布、适宜生境、物候期及生态系统分布、结构等的改变，这将进一步加剧气候变化对自然保护区保护功能的风险。总体上，气候变化对动植物物种、生态系统及其生境等保护对象的影响是造成自然保护区气候变化风险的根本原因，自然保护区空间布局、保护边界、功能分区等调整滞后于气候变化影响是造成自然保护区气候变化风险的直接原因。

4.2.2　自然保护区气候变化风险概念界定

对气候变化风险进行界定和识别是气候变化风险评估与管理的基础，但目前科学界对于气候变化风险的定义还没有形成统一的看法（张月鸿等，2008）。如 IPCC 报告将气候变化风险定义为不利气候事件发生的可能性及其后果的组合；世界银行的研究报告认为气候变化风险是特定领域气候变化或气候变异后果的不确定性；张月鸿等（2008）提出气候变化风险是气候系统变化对自然生态系统和人类社会经济系统造成影响的可能性，尤其是造成损失、伤害或毁灭等负面影响的可能性；吴绍洪等（2011）认为，气候变化风险是由于气候变化影响超过某一阈值所引起的社会经济或资源环境的可能损失。

风险是不利事件发生的可能性及其后果的组合。联合国国际减灾战略（UNISDR）针对自然灾害，将风险定义为自然或人为灾害与承灾体脆弱性之间相互作用而导致的一种有害结果或预料损失发生的可能性；国际标准组织（ISO）对风险给出的定义是一个或多个事件发生的可能性及其后果的结合（吴绍洪等，2011）。对照风险定义，尽管目前对气候变化风险的定义尚未形成统一看法，但是一般包括气候变化对系统的损害程度（即不利影响的程度）和损失发生的可能性两个基本要素。气候变化风险体系是由大量具体风险构成的，涉及自然、社会、经济、政治和生活的许多层面，是复杂多样的系统性网络（张月鸿等，2008）。其中，风险源包括平均气候状况（气温、降水、海平面）变化和极端天气/气候事件（热带气旋、风暴潮、极端降水、河流洪水、热浪与寒潮、干旱等）两个方面，风险受体则涉及自然生态系统和人类社会经济系统，气候变化风险的后果包括经济损失，生命威胁，各种系统的产出、特性以及系统本身的变化等。

在国内外气候变化风险定义研究的基础上，综合考虑自然保护区的功能定位及其建设和管理的有关要求，本研究将自然保护区气候变化风险界定为气候变化对自然保护区的保护对象、保护功能等造成不利影响的可能损失。

自然保护区气候变化风险既涉及气候变化影响，也涉及自然保护区建设和管理等适应气候变化政策行动及相关人类活动。一方面，气候变化对野生动植物物种、生态系统、生境等的影响，将改变保护对象在自然保护区内的分布和自然保护区生境对保护对象的适宜性，导致自然保护区保护对象、保护功能面临风险；另一方面，自然保护区空间布局、保护边界、功能分区等调整滞后于气候变化造成的生态影响，将削弱自然保护区对保护对象的保护效用，使得自然保护区的保护对象因脱离自然保护区的保护而面临灭绝风险、保护功能因保护对象消失而面临丧失风险。同时，气候变化对自然保护区周边生产、生活等人类活动的影响，也会加剧自然保护区气候变化风险。例如，气候暖干化引起的水资源短缺、农业用水增加等生态环境问题，将会加剧生产生活与生态环境之间的水资源争夺，导致自然保护区生境退化，使得自然保护区保护对象、保护功能等面临风险。

参考文献

[1] Araújo M B，Cabeza M，Thuiller W，et al. Would climate change drive species out of reserves? An assessment of existing reserve-selection methods[J]. Global Change Biology，2004，10（9）：1618-1626.

[2] Coulston J W，Riitters K H. Preserving biodiversity under current and future climates：a case study [J]. Global Ecology and Biogeography，2005，14（1）：31-38.

[3] Hitz S，Smith J. Estimating global impacts from climate change [J]. Global Environmental Change，2004，14（3）：201-218.

[4] IPCC. Climate change 2001：impacts，adaptation and vulnerability of climate change[R]. working group Ⅱ report. London：Cambridge University Press，2001.

[5] Oswaldo Téllez-Valdés，Patricia Dávila-Aranda. Protected areas and climate change：a case study of the cacti in the Tehuacán-Cuicatlán biosphere reserve，México[J]. Conservation Biology，2003，17（3）：846-853.

[6] Valenti R，Teresa V V. Unexpected biodiversity loss under global warming in the Neotropical Guayana Highlands：a preliminary appraisal [J]. Global Change Biology，2006，12（1）：1-9.

[7] 姜彤，李修仓，巢清尘，等. 《气候变化 2014：影响、适应和脆弱性》的主要结论和新认知[J]. 气候变化研究进展，2014，10（3）：157-166.

[8] 雷军成，王莎，王军围，等. 未来气候变化对我国特有濒危动物黑麂适宜生境的潜在影响[J]. 生物多样性，2016，24（12）：1390-1399.

[9] 李海东,沈渭寿,刘海月,等. 我国自然保护区应对气候变化风险现状、问题与对策[J]. 世界林业研究,2015,28(5):68-72.

[10] 李佳,李言阔,缪泸君,等. 越冬地气候条件对鄱阳湖自然保护区白琵鹭种群数量的影响[J]. 生态学报,2014,34(19):5522-5529.

[11] 李莹,高歌,宋连春. IPCC 第五次评估报告对气候变化风险及风险管理的新认知[J]. 气候变化研究进展,2014,10(4):260-267.

[12] 骆成凤,许长军,曹银璇,等. 1974—2016 年青海湖水面面积变化遥感监测[J]. 湖泊科学,2017,29(5):1245-1253.

[13] 马瑞俊,蒋志刚. 青海湖流域环境退化对野生陆生脊椎动物的影响[J]. 生态学报,2006,26(9):3066-3073.

[14] 聂勇,张镱锂,刘林山,等. 近 30 年珠穆朗玛峰国家自然保护区冰川变化的遥感监测[J]. 地理学报,2010,65(1):13-28.

[15] 王建兵,王素萍,汪治桂. 1971—2010 年若尔盖湿地潜在蒸散量及地表湿润度的变化趋势[J]. 地理科学,2015,35(2):245-250.

[16] 王玉华,布仁图雅,孙静萍,等. 遗鸥国家级自然保护区近十五年来生态环境变化特征[J]. 环境与发展,2017,29(1):78-83,87.

[17] 沃晓棠. 基于气候变化的扎龙湿地土地利用及可持续发展评价研究[D]. 哈尔滨:东北农业大学,2010.

[18] 吴建国,吕佳佳,艾丽. 气候变化对生物多样性的影响:脆弱性和适应[J]. 生态环境学报,2009,18(2):693-703.

[19] 吴绍洪,高江波,邓浩宇,等. 气候变化风险及其定量评估方法[J]. 地理科学进展,2018,37(1):28-35.

[20] 吴绍洪,潘韬,贺山峰. 气候变化风险研究的初步探讨[J]. 气候变化研究进展,2011,7(5):363-368.

[21] 杨晓潇,王秀兰,秦福莹. 达里诺尔自然保护区近 30 年湿地动态变化及其影响因素分析[J]. 西北林学院学报,2019,34(4):171-178,222.

[22] 翟天庆，李欣海. 用组合模型综合比较的方法分析气候变化对朱鹮潜在生境的影响[J]. 生态学报，2012，32（8）：2361-2370.

[23] 张国钢，戴强，刘冬平，等. 若尔盖湿地水鸟资源季节变化[J]. 动物学杂志，2013，48（5）：742-749.

[24] 张月鸿，吴绍洪，戴尔阜，等. 气候变化风险的新型分类[J]. 地理研究，2008，27（4）：763-774.

[25] 赵卫，沈渭寿，刘海月. 自然保护区气候变化风险及其评估——以达里诺尔国家级自然保护区为例[J]. 应用生态学报，2016，27（12）：3831-3837.

[26] 郑斌，仰素琴，亢海英，等. 气候变暖对小五台山自然保护区森林有害昆虫发生的影响[J]. 河北林业科技，2011（6）：37-40.

[27] 左丹丹，罗鹏，杨浩，等. 保护地空间邻近效应和保护成效评估——以若尔盖湿地国家级自然保护区为例[J]. 应用与环境生物学报，2019，25（4）：854-861.

第 5 章

典型自然保护区气候变化风险

【**内容提要**】根据我国自然地理条件，生态环境状况等地域差异，气候变化、自然保护区地域分布特点，以及自然保护区气候变化风险定义，本章分别从风险源压力分析、生境适宜性评价、风险综合评估等角度，分析了我国国家级自然保护区面临的气候变化风险，开展了雅鲁藏布江中游河谷黑颈鹤国家级自然保护区、达里诺尔国家级自然保护区等典型自然保护区气候变化风险研究，为自然保护区气候变化风险管理提供了决策依据。

5.1　国家级自然保护区面临的气候变化风险分析

经过 60 多年建设,我国已建立数量众多、类型丰富、功能多样的自然保护区,在保护生物多样性、改善生态环境质量和维护国家生态安全方面发挥了重要作用。随着生态文明体系的建立健全、"绿盾"自然保护区监督检查专项行动的深入开展和公众生态保护意识的不断提高,人类活动对自然保护区的不利影响逐渐得到遏制,日益凸显的全球气候变化及其影响成为自然保护区建设和管理面临的主要挑战,形成自然保护区气候变化风险。其中,气候变化是自然保护区气候变化风险的风险源,也是新时代自然保护区建设和管理的重要背景。结合气候变化风险评估框架,风险源压力分析是自然保护区气候变化风险评估与管理、自然保护区适应气候变化等工作的基础。

鉴于此,本研究针对我国自然保护区数量众多、类型丰富、保护对象复杂、地域分布跨度大等现状特点,从风险源的角度对我国国家级自然保护区气候变化风险进行了总体分析,并结合国内外自然保护区有关研究成果,识别和分析了我国国家级自然保护区面临的气候变化风险,以期为各地各类自然保护区气候变化风险评估、自然保护区范围和功能区调整、自然保护地整合优化和建设等工作提供科学基础与决策依据。

5.1.1　研究方法

5.1.1.1　数据来源

本研究的主要数据源为中国气象数据网（http：//data.cma.cn）发布的中国地面气候资料日值数据集,包括 1951—2018 年 699 个国家级地面站的气压、气温、相对湿度、降水、蒸发、风向、风速、日照与 0 cm 地温等要素的逐日观测数据。

截至 2020 年 8 月，我国已建立各级各类自然保护区 2 830 个，其中国家级自然保护区 474 个。根据国家级自然保护区所在地区气象观测站的分布情况及其观测数据的完整性和连续性，选择 163 个国家级自然保护区作为典型自然保护区，以 1960—2018 年为研究时段，利用典型自然保护区气象观测站（国家级自然保护区所在地区的气象观测站）的气温、降水等逐日观测数据，分析我国国家级自然保护区面临的气候变化风险。

5.1.1.2 计算方法

（1）气候变化趋势分析

本研究采用 R 语言（R4.0.2 for Windows GUI front-end）软件，利用线性回归方法，对典型自然保护区年均气温、年降水量、降水波动特征值、干燥度指数等指标进行分析，评估典型自然保护区气候变化趋势及强度。由于降水的周期性波动较强，对原始序列的干扰较为明显，本研究采用滑动平均方法对年降水量进行 7 年滑动平均，以进一步剖析其变化趋势。

气候变化趋势计算方法如下。

对于样本量为 n 的序列 y_j，用 t_j 表示所对应的时刻，建立 y_j 与 t_j 之间的一元线性回归方程。

$$y_j = a + bt_j \tag{5-1}$$

式中，a 为回归常数；b 为回归系数。利用最小二乘法可求出 a 和 b。

$$a = \frac{1}{n}\sum_{j=1}^{n} y_j - b\frac{1}{n}\sum_{j=1}^{n} t_j \tag{5-2}$$

$$b = \frac{\sum_{j=1}^{n} y_j t_j - \frac{1}{n}\left(\sum_{j=1}^{n} y_j\right)\left(\sum_{j=1}^{n} t_j\right)}{\sum_{j=1}^{n} t_j^2 - \frac{1}{n}\left(\sum_{j=1}^{n} t_j\right)^2} \tag{5-3}$$

式中，回归系数 b 表示变量的线性趋势。$b>0$，表明随时间增加，y 呈上升趋势；$b<0$，表示随时间增加，y 呈下降趋势。b 的大小反映上升或下降的速率，即表示

上升或下降的倾向程度。

（2）降水波动特征值计算

在对降水量进行 5 年滑动平均的基础上，借鉴国内外研究成果（史培军等，2014），计算降水波动特征值。具体计算方法如下。

利用上一步计算得到的 a 和 b，得到一元线性回归方程，则样本量为 n 的降水滑动平均序列 x_j 与线性回归序列的残差绝对值序列 z_j 表示为

$$z_j = \left| x_j - a - bt_j \right| \quad j = 1, 2, 3, \cdots, n \tag{5-4}$$

将残差绝对值序列 z_j 的平均值称为降水波动平均值，计算公式如下：

$$\overline{z_j} = \frac{1}{n} \sum_{j=1}^{n} z_j \tag{5-5}$$

对于样本量为 n 的残差绝对值序列 z_j，用 t_j 表示所对应的时刻，建立 z_j 与 t_j 之间的一元线性回归方程，即：

$$z_j = c + dt_j \tag{5-6}$$

同理，利用最小二乘法可求出回归常数 c 和回归系数 d。回归系数 d 表示残差绝对值序列的线性趋势。$d > 0$，表明随时间增加，z_j 呈上升趋势，即变量波动增强；$d < 0$，表示随时间增加，z_j 呈下降趋势，即变量波动减弱。d 的大小反映上升或下降的速率，即表示变量波动增强或减弱的倾向程度。回归系数 d 即为降水波动特征值。

（3）干燥度指数计算

研究结果表明，中国气候变化主要表现为温度、降水等要素的变化，不同地区气候变化呈现暖干化、暖湿化的趋势（王艳姣等，2014；徐新创等，2014；韩翠华等，2013；吴娴等，2016）。为此，在温度、降水变化分析的基础上，选择干燥度指数作为综合指标，以衡量自然保护区面临的气候变化风险压力。

综合考虑国内外研究现状，特别是各类计算方法的优缺点（孟猛等，2004），采用修正的谢良尼诺夫公式计算干燥度指数（表 5-1），具体如下：

$$K = 0.16 \times \frac{全年 \geqslant 10℃的积温}{全年 \geqslant 10℃期间的降水量} \tag{5-7}$$

表 5-1　气候类型划分范围

干燥度指数（K）	气候类型
$K \leqslant 1.0$	湿润气候
$1 < K \leqslant 1.5$	半湿润气候
$1.5 < K \leqslant 4$	半干旱气候
$4 < K \leqslant 16$	干旱气候
$K > 16$	极干旱气候

（4）显著性检验

在利用 R 语言软件进行线性回归分析的过程中，对各气候要素的变化趋势进行显著性检验。当 $P \leqslant 0.05$ 时，则通过显著性检验；当 $P > 0.05$ 时，表示该变化趋势在 95% 置信度下不能通过检验，即在该置信度下无明显变化趋势或无明显波动特征。

5.1.1.3　自然保护区分组

根据自然保护区地理分布情况及其主要保护对象，对典型自然保护区进行分组，以揭示自然保护区气候变化风险的地域差异和类型差异。

按照中国自然地理区划和自然保护区分布情况，将典型自然保护区分为华北、东北、华东、华中、华南、西南、西北 7 个地区；按照自然保护区的主要保护对象，将典型自然保护区分为草原草甸、海洋海岸、荒漠生态、内陆湿地、森林生态、野生动物、野生植物等 7 个类型。

5.1.2　自然保护区气候变化趋势分析

5.1.2.1　气温

1960—2018 年，163 个国家级自然护区年均气温均呈上升趋势，平均增温速率达 0.27℃/10a，高于 1951—2018 年的平均增温速率（0.24℃/10a）（中国气象局气候变化中心，2019）。

从气温变化的显著性看，年均气温上升通过显著性检验的自然保护区有 158 个，占典型自然保护区总数（163 个）的 96.9%（表 5-2）。从气温变化的强度看，宁夏罗山国家级自然保护区的气温倾向率最高，达 0.56℃/10a。综合考虑 1960—2018 年典型自然保护区平均增温速率和 1951—2018 年中国平均增温速率，气温倾向率超过 0.54℃/10a 的自然保护区占典型自然保护区总数的 1.2%，气温倾向率为 0.48~0.54℃/10a 的自然保护区占典型自然保护区总数的 4.9%，气温倾向率为 0.24~0.48℃/10a 的自然保护区占 49.1%，气温倾向率低于 0.24℃/10a 的自然保护区占 44.8%。

表 5-2　1960—2018 年典型自然保护区气候变化趋势分析结果

气候变化趋势		未通过显著性检验	通过显著性检验			自然保护区数量/个
		$0.05 < P < 1$ 不显著	$0.01 < P \le 0.05$ 显著	$0.001 < P \le 0.01$ 非常显著	$0 < P \le 0.001$ 极其显著	
气温变化趋势	上升	5（3.1%）	5（3.1%）	7（4.3%）	146（89.5%）	163
	下降	0（0%）	0（0%）	0（0%）	0（0%）	
降水变化趋势	增加	44（27%）	7（4.3%）	9（5.5%）	25（15.3%）	163
	减少	48（29.4%）	6（3.7%）	9（5.5%）	15（9.3%）	
降水波动趋势	增强	73（44.8%）	11（6.7%）	2（1.2%）	5（3.1%）	163
	减弱	55（33.8%）	11（6.7%）	5（3.1%）	1（0.6%）	
干燥度变化趋势	上升	81（49.7%）	20（12.3%）	22（13.5%）	8（4.9%）	163
	下降	32（19.6%）	0（0%）	0（0%）	0（0%）	

典型自然保护区气温变化具有明显的类型差异。1960—2018 年，荒漠生态类型、内陆湿地类型、草原草甸类型自然保护区气温倾向率相对较高，分别达到 0.34℃/10a、0.32℃/10a、0.30℃/10a；其次是野生动物类型、森林生态类型、野生植物类型自然保护区，其气温倾向率分别为 0.27℃/10a、0.26℃/10a、0.21℃/10a；海洋海岸类型自然保护区气温变化相对较缓，平均每 10 年升高 0.18℃（图 5-1）。

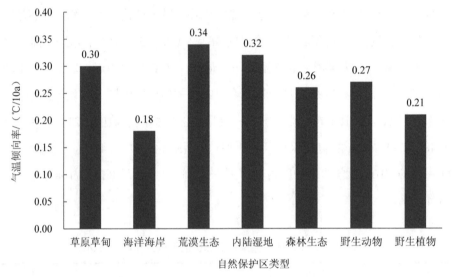

图 5-1　1960—2018 年典型自然保护区气温倾向率的类型差异

典型自然保护区气温变化具有明显的地域差异。1960—2018 年，东北地区和西北地区自然保护区的气温倾向率相对较高，分别达到 0.32℃/10a 和 0.31℃/10a；其次是西南地区和华北地区，其气温倾向率分别为 0.27℃/10a 和 0.27℃/10a；华东地区、华南地区和华中地区气温上升相对较缓，其气温倾向率分别为 0.19℃/10a、0.18℃/10a 和 0.18℃/10a（图 5-2）。总体上，1960—2018 年典型自然保护区气温倾向率呈现出北方地区高于南方地区、西部地区高于东部地区的地域分布特点，与《中国气候变化蓝皮书（2019）》的结论一致。

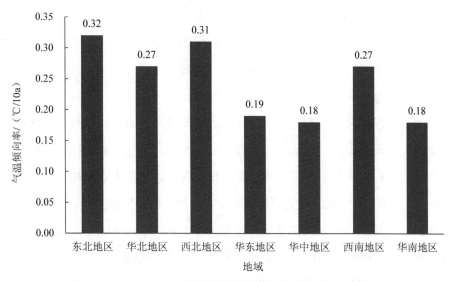

图 5-2　1960—2018 年典型自然保护区气温倾向率的地域差异

5.1.2.2　降水

　　典型自然保护区年降水量变化趋势存在较大差异。年降水量增加的自然保护区有 85 个，占典型自然保护区总数的 52.1%。其中，年降水量增加通过显著性检验的自然保护区有 41 个，占典型自然保护区总数的 25.1%。从降水倾向率看，年降水量增加超过 30 mm/10a 的自然保护区占典型自然保护区总数的 4.9%；年降水量增加为 15～30 mm/10a 的自然保护区占 14.7%；年降水量增加不足 15 mm/10a 的自然保护区占 32.5%。年降水量减少的自然保护区有 78 个，占典型自然保护区总数的 47.9%。其中，年降水量减少通过显著性检验的自然保护区有 30 个，占典型自然保护区总数的 18.5%（表 5-2）。从降水倾向率看，年降水量减少超过 30 mm/10a 的自然保护区占典型自然保护区总数的 1.8%；年降水量减少为 15～30 mm/10a 的自然保护区占 8.0%，年降水量减少小于 15 mm/10a 的自然保护区占 38%。

　　降水波动特征值用于反映降水量变化的波动性和强度。1960—2018 年，典型自然保护区降水变化趋势的波动性较为明显，20 世纪 60—80 年代降水量偏少、

80—90 年代降水量偏多，21 世纪前 10 年降水量总体偏少，2012 年以后降水持续偏多。期间，18 个自然保护区的降水波动特征值呈显著性上升趋势，占典型自然保护区总数的 11%；17 个自然保护区的降水波动特征值呈显著性下降趋势，占典型自然保护区总数的 10.4%（表 5-2）。

典型自然保护区降水变化具有明显的类型差异。1960—2018 年，海洋海岸类型、荒漠生态类型、内陆湿地类型、森林生态类型、野生动物类型自然保护区降水变化呈上升趋势。其中，海洋海岸类型自然保护区年降水量增加速率最高，达 26 mm/10a；其次是内陆湿地类型、荒漠生态类型、森林生态类型、野生动物类型自然保护区，其年降水量增加速率分别为 4.1 mm/10a、1.8 mm/10a、1.3 mm/10a 与 0.7 mm/10a。1960—2018 年，草原草甸类型、野生植物类型自然保护区降水变化呈下降趋势，草原草甸类型、野生植物类型自然保护区的降水倾向率分别为 3.1 mm/10a、3.5 mm/10a（图 5-3）。

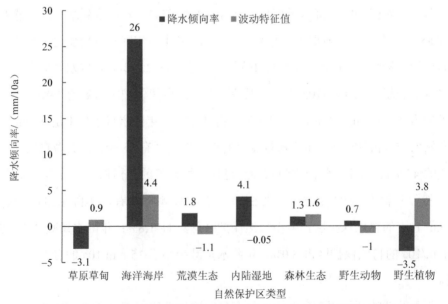

图 5-3 1960—2018 年典型自然保护区降水倾向率及波动特征值的类型差异

典型自然保护区年降水量变化具有明显的地域差异。1960—2018 年，华东地区、西南地区、华南地区典型自然保护区年降水量呈上升趋势。其中，华东地区、华南地区典型自然保护区降水增加速率相对较高，分别达 20.1 mm/10a 和 13.9 mm/10a；西南地区降水增加速率相对较缓，为 0.5 mm/10a。1960—2018 年，东北地区、华北地区、西北地区、华中地区典型自然保护区年降水量呈下降趋势，华北地区、华中地区、西北地区、东北地区典型自然保护区的降水倾向率分别为 3.3 mm/10a、1.6 mm/10a、1.3 mm/10a 和 0.2 mm/10a。降水增加速率超过 30 mm/10a 的 8 个典型自然保护区主要位于华东地区与华南地区。降水下降速率超过 30 mm/10a 的 3 个典型自然保护区主要位于西南地区和华中地区（图 5-4）。

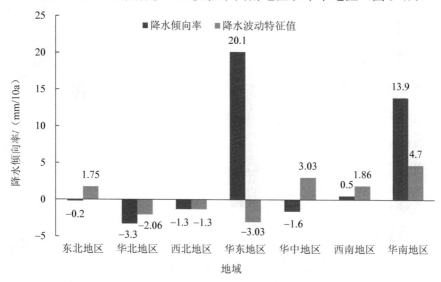

图 5-4　1960—2018 年典型自然保护区降水倾向率及波动特征值的地域差异

5.1.2.3　干燥度

1960—2018 年，131 个典型自然保护区干燥度指数总体呈上升趋势，占典型自然保护区总数的 80.4%；其他 32 个典型自然保护区干燥度指数总体呈下降趋势，占典型自然保护区总数的 19.6%（表 5-2）。其中，呼伦湖、锡林郭勒草原、鸭绿江上游、隆宝、龙溪—虹口、高黎贡山、五峰后河、三江源等 50 个国家级自然保护区干燥度指数呈显著性上升趋势,占典型自然保护区总数的30.7%。

从自然保护区类型看,1960—2018年草原草甸类型、野生植物类型、森林生态类型、海洋海岸类型自然保护区干燥度指数呈上升趋势。其中,草原草甸类型自然保护区干燥度指数增加速率最大,达到0.097/10a;其次是野生植物类型、森林生态类型、海洋海岸类型自然保护区,其干燥度指数增加速率分别为0.028/10a、0.014/10a与0.004/10a(图5-5)。与上述类型不同,1960—2018年荒漠生态类型、野生动物类型和内陆湿地类型自然保护区干燥度指数呈下降趋势,其干燥度指数下降速率分别为0.4/10a、0.047/10a和0.008/10a,其中荒漠生态类型自然保护区的干燥度指数下降最为明显(图5-5)。

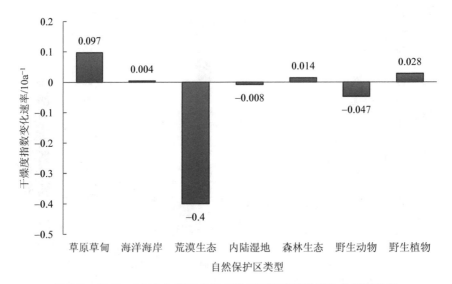

图5-5 1960—2018年典型自然保护区干燥度指数变化的类型差异

从地域分布看,1960—2018年东北地区、华北地区、华中地区、华东地区和华南地区典型自然保护区干燥度指数呈增加趋势,其干燥度指数增加速率分别为0.06/10a、0.039/10a、0.017/10a、0.006/10a和0.005/10a;西北地区和西南地区典型自然保护区干燥度指数呈下降趋势,其干燥度指数减少速率分别为0.15/10a和0.015/10a(图5-6)。

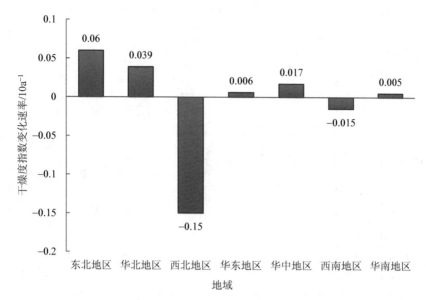

图 5-6 1960—2018 年典型自然保护区干燥度指数变化的地域差异

5.1.3 自然保护区气候变化风险压力分析

已有研究表明，我国气候具有暖干化、暖湿化共存的特征，部分区域气候呈暖干化，部分区域气候呈暖湿化（姚玉璧等，2005；张强等，2010；赵珍伟等，2014；党学亚等，2019；赤曲等，2020）。除气温、降水等要素变化外，干燥度指数也是表征一个地区干湿程度的重要指标，由某一地区水分收支与热量平衡的比值表示（孟猛等，2004）。鉴于此，综合各地各类自然保护区年均气温、年降水量、干燥度指数等指标变化，从风险源的角度对典型自然保护区面临的气候变化风险压力进行了分析。

结果表明，1960—2018 年，78 个自然保护区气候呈暖干化趋势，占典型自然保护区总数（163 个）的 47.85%；85 个自然保护区气候呈暖湿化趋势，占典型自然保护区总数的 52.15%（图 5-7）。

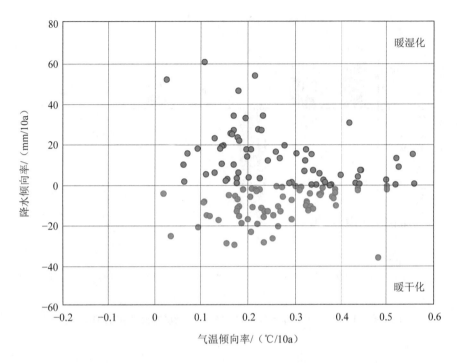

图 5-7　1960—2018 年典型自然保护区气候变化趋势分类

5.1.3.1　气候暖干化趋势

　　从自然保护区分布看，气候呈暖干化趋势的自然保护区在东北地区、西北地区、华中地区、西南地区、华北地区、华南地区和华东地区均有分布，但是各地气候呈暖干化趋势的自然保护区数量所占比例存在差异。其中，华北地区气候暖干化的自然保护区所占比例最高，占该地区典型自然保护区总数的 66.7%；其次是华中地区、东北地区、西北地区、西南地区和华南地区，气候暖干化的自然保护区分别占该地区其典型自然保护区总数的 57.9%、54.5%、50%、47.6% 和 41.7%；华东地区气候暖干化的自然保护区所占比例较低，占该地区典型自然保护区总数的 6.3%。在华北地区、华中地区、东北地区、西北地区，超过一半的典型自然保护区气候呈暖干化趋势。同时，气温、降水、干燥度指数变化趋势表明，1960—2018 年各地典型自然保护区均面临气温上升的风险源压力；西南地区、西北地区典型自然保护区的增温速率超过全国平均增温速率的 2 倍，承受的增温压力相对较大；华北地区、华中地区、东北地区、西北地区典型自然保护区面临气温升高、降水减少的双重压力，气候暖干化趋势较为明显。1960—2018 年，华东地区、华南地区典型自然保护区在降水量增加的趋势下，干燥度指数仍呈上升趋势，表明华东地区、华南地区气温上升的影响超过降水增加的影响，气候呈暖干化趋势（表 5-3）。

表 5-3　1960—2018 年不同地区典型自然保护区气候变化趋势

地区	气温倾向率变化趋势	降水倾向率变化趋势	降水波动特征值变化趋势	干燥度指数变化趋势
东北	↑	↓	↑	↑
华北	↑	↓	↓	↑
西北	↑	↓	↑	↑
华东	↑	↑	↑	↑
华中	↑	↓	↑	↑
西南	↑	↓	↑	↓
华南	↑	↑	↑	↑

注："↑" 表示增加趋势；"↓" 表示下降趋势。

从自然保护区类型看，野生植物类型自然保护区中气候呈暖干化趋势的自然保护区所占比例最高，达 80%；其次是草原草甸类型、野生动物类型、森林生态类型、内陆湿地类型自然保护区，气候暖干化自然保护区分别占各类典型自然保护区总数的 66.7%、53.3%、50.7%、37%；荒漠生态类型、海洋海岸类型自然保护区中气候呈暖干化趋势的自然保护区所占比例相对较低，均为 16.7%。在野生植物类型、草原草甸类型、野生动物类型、森林生态类型自然保护区中，超过一半的典型自然保护区气候呈暖干化趋势。气温、降水、干燥度指数变化趋势表明，1960—2018 年野生植物类型、草原草甸类型自然保护区面临气温上升、降水减少的双重压力，导致其典型自然保护区气候呈暖干化趋势；森林生态类型、野生动物类型自然保护区的增温速率超过中国平均增温速率的 2 倍；森林生态类型自然保护区气温上升、降水增加，干燥度指数上升，气温上升的影响相对较强，导致森林生态类型自然保护区中有超过一半的自然保护区气候呈暖干化趋势（表 5-4）。

表 5-4 1960—2018 年不同类型典型自然保护区气候变化趋势

自然保护区类型	气温倾向率变化趋势	降水倾向率变化趋势	降水波动特征值变化趋势	干燥度指数变化趋势
草原草甸类型	⬆	⬇	⬆	⬆
海洋海岸类型	⬆	⬆	⬆	⬆
荒漠生态类型	⬆	⬆	⬇	⬇
内陆湿地类型	⬆	⬆	⬇	⬇
森林生态类型	⬆	⬆	⬆	⬆
野生动物类型	⬆	⬆	⬇	⬇
野生植物类型	⬆	⬇	⬆	⬆

注："⬆" 表示增加趋势；"⬇" 表示下降趋势。

5.1.3.2 气候暖湿化趋势

从自然保护区分布看，1960—2018 年气候呈暖湿化趋势的自然保护区共有 85 个，在华东地区、华南地区、西南地区、西北地区、东北地区、华中地区、华北地区 7 个分区均有分布。其中，华东地区气候暖湿化自然保护区所占比例最高，占该地区典型自然保护区总数的 93.7%；华南地区、西南地区、西北地区气候暖湿化自然保护区占各地区典型自然保护区总数的一半以上，所占比例分别为 58.3%、52.4%、50%；东北地区、华中地区、华北地区气候暖湿化自然保护区所占比例相对较低，分别为 45.5%、42.1% 和 33.3%。1960—2018 年不同地区典型自然保护区气温、降水、干燥度指数变化表明，华东地区、西南地区、华南地区降水量呈增加趋势，西北地区、西南地区干燥度指数呈下降趋势，使得华东地区、华南地区、西南地区、西北地区典型自然保护区中有超过一半的自然保护区气候呈暖湿化趋势。在西北地区，1960—2018 年该地区典型自然保护区年降水量、干燥度指数均呈下降趋势，表明西北地区虽然年降水量呈减少趋势，但降水越发集中在高温季节，在气温≥10℃期间内的降水量呈增加趋势（表 5-3）。

从自然保护区类型看，荒漠生态类型、海洋海岸类型自然保护区中气候暖湿化的自然保护区所占比例最高，均达到 83.3%；其次是内陆湿地类型、森林生态类型、野生动物类型自然保护区，其气候呈暖湿化趋势的自然保护区分别占各类典型自然保护区总数的 63%、49.3%、46.7%；草原草甸类型、野生植物类型自然保护区中气候呈暖湿化趋势的自然保护区所占比例相对较低，分别为 33.3%和20%。1960—2018 年不同类型典型自然保护区气候变化趋势表明，各类自然保护区气温均呈上升趋势，海洋海岸类型、荒漠生态类型、内陆湿地类型、森林生态类型、野生动物类型自然保护区降水呈增加趋势，荒漠生态类型、内陆湿地类型、野生动物类型自然保护区干燥度指数呈下降趋势，使得荒漠生态、海洋海岸、内陆湿地等类型自然保护区中气候暖湿化自然保护区所占比例较高（表 5-4）。在荒漠生态类型、海洋海岸类型、内陆湿地类型自然保护区中，有超过一半的自然保护区气候呈暖湿化趋势。

5.1.4　自然保护区气候变化风险综合分析

在本研究中，自然保护区气候变化风险是指气候变化对自然保护区保护对象、保护功能等的风险。其中，保护功能主要表现为自然保护区对保护对象的保护。除气温、降水等气候要素变化的风险源压力外，自然保护区保护对象及其对气候变化的敏感性和适应能力也是影响自然保护区气候变化风险的重要因素。气候要素是野生动植物物种、自然生态系统等地理分布的决定因素，也是野生动植物物种、自然生态系统等地域差异的决定因素。考虑到现有自然保护区多是基于野生动植物物种、生态系统等现状分布而设计的，气候要素及其变化趋势在一定程度上体现了自然保护区保护对象及其对气候变化的敏感性和适应能力的地域差异。在此情况下，自然保护区保护对象的类型差异成为影响自然保护区气候变化风险的主要因素。

鉴于此，在自然保护区气候变化风险压力分析的基础上，结合自然保护区保护对象的类型差异及其对气候变化的敏感性和适应能力，开展自然保护区气候变化风险综合分析，分类识别面临气候变化风险的主要自然保护区（表5-5）。

表5-5　1960—2018年气候暖干化、暖湿化的典型自然保护区

自然保护区类型	自然保护区名称	
	气候暖干化	气候暖湿化
草原草甸类型	云雾山、锡林郭勒草原	围场红松洼
野生植物类型	西鄂尔多斯、集安、画稿溪、星斗山	峨嵋峰
荒漠生态类型	沙坡头	安西极旱荒漠、民勤连古城、哈巴湖、甘家湖梭梭林、阿尔金山
海洋海岸类型	内伶仃岛—福田	厦门珍稀海洋物种、南澎列岛、湛江红树林、徐闻珊瑚礁、东寨港
内陆湿地类型	绰纳河、呼伦湖、三环泡、宝清七星河、向海、波罗湖、若尔盖湿地、威宁草海、挠力河、河南黄河湿地	公别拉河、乌裕尔河、明水、友好、红星湿地、珍宝岛湿地、阿勒泰科克苏湿地、敦煌阳关、张掖黑河湿地、雁鸣湖、麦地卡湿地、东洞庭湖、泗洪洪泽湖湿地、艾比湖湿地、三江源、海子山、洪湖
野生动物类型	中央站黑嘴松鸡、鄂尔多斯遗鸥、阳城莽河猕猴、鸭绿江上游、大连斑海豹、蛇岛老铁山、白水江、大山包黑颈鹤、会泽黑颈鹤、陇县秦岭细鳞鲑、黄柏塬、太白湑水河、略阳珍稀水生动物、桑园、陕西摩天岭、汉中朱鹮、长青、佛坪、观音山、青木川、巴东金丝猴、盐城湿地珍禽、邦亮长臂猿、五鹿山	乌马河紫貂、新青白头鹤、碧水中华秋沙鸭、东方红、安南坝野骆驼、敦煌西湖、隆宝、芒康滇金丝猴、小金四姑娘山、大丰麋鹿、铜陵淡水豚、阳际峰、大桂山鳄蜥、罗坑鳄蜥、大田、罗布泊野骆驼、青海湖、辽河口、色林错、牛背梁、长江新螺段白鱀豚
森林生态类型	黑龙江平顶山、兴隆山、太子山、内蒙古大青山、黑茶山、南华山、太统—崆峒山、乌兰坝、赛罕乌拉、大青沟、罕山、章古台、努鲁儿虎山、北京松山、白狼山、白石砬子、辽宁仙人洞、龙溪—虹口、高黎贡山、无量山、元江、高乐山、鸡公山、五峰后河、壶瓶山、湖南白云山、借母溪、茂兰、石门台、五指山、小五台山、松花江三湖、太白山、伏牛山、大别山、云开山	北极村、岭峰、额尔古纳、胜山、凉水、哈纳斯、托木尔峰、大通北川河源区、宁夏罗山、黄泥河、汪清、滦河上游、塞罕坝、桓仁老秃顶子、亚丁、白马雪山、花萼山、八大公山、六步溪、南岳衡山、八面山、井冈山、南风面、永州都庞岭、古牛绛、江西九岭山、汀江源、梅花山、九连山、雅鲁藏布大峡谷、巴尔鲁克山、珠穆朗玛峰、贡嘎山、官山、福建武夷山

5.1.4.1　荒漠生态类型

在荒漠生态类型的典型自然保护区中，气候呈暖湿化趋势的自然保护区有 5 个，气候呈暖干化趋势的自然保护区域有 1 个。荒漠生态类型自然保护区气候总体呈暖湿化趋势，干燥度指数总体呈下降趋势，水热条件逐渐好转，适宜生境增加。气候暖湿化有利于荒漠生态类型自然保护区野生动植物物种生长、繁育和扩散，甚至超出自然保护区及其功能分区，对该类型自然保护区空间布局、保护边界、功能分区调整提出新的挑战。

安西极旱荒漠、民勤连古城、哈巴湖、甘家湖梭梭林、阿尔金山 5 个国家级自然保护区以荒漠生态系统和珍稀动植物为主要保护对象，气候由暖干化转向暖湿化，有利于该类保护区动植物物种生长、发育和分布范围的扩大，易出现保护对象超出保护区范围及其功能分区的现象，使得保护对象因脱离自然保护区的严格保护而面临风险。

5.1.4.2　野生动物类型

在野生动物类型的典型自然保护区中，气候呈暖湿化趋势的自然保护区有 21 个，气候呈暖干化趋势的自然保护区有 24 个。野生动物类型自然保护区气候总体呈暖干化趋势，干燥度指数总体呈上升趋势。气候暖干化导致野生动物赖以生存的生境出现面积萎缩、适宜性下降等退化，同时引起野生动物物种分布向高纬度、高海拔地区迁移，使得野生动物类型自然保护区面临保护对象消失、保护功能丧失等风险。

白水江、黄柏塬、桑园、陕西摩天岭、长青、佛坪、观音山、青木川、龙溪—虹口等国家级自然保护区以大熊猫为主要保护对象，气候呈暖干化趋势，干燥度指数上升，大熊猫分布向高纬度、高海拔地区迁移，甚至突破保护区边界，使得该类自然保护区面临保护功能丧失的风险。鸟类对于气候变化具有较强的敏感性，且迁移能力更强，在气候变化影响下，鸟类更易于改变地理分布，向高纬度、高海拔地区迁移。鄂尔多斯遗鸥、盐城湿地珍禽等国家级自然保护区气候呈暖干化的趋势，色林错、青海湖等国家级自然保护区气候呈暖湿化的趋势，分别以遗鸥、丹顶鹤、黑颈鹤、斑头雁为主要保护对象。气候变化对鸟类分布的改变，使得鄂尔多斯遗鸥、盐城湿地珍禽典型自然保护区面临保护对象数量减少、保护功能丧失的风险。

5.1.4.3 内陆湿地类型

在内陆湿地类型的典型自然保护区中，气候呈暖湿化趋势的自然保护区有 17个，气候呈暖干化趋势的自然保护区有 10 个。内陆湿地类型自然保护区气候总体呈暖湿化趋势，干燥度指数总体呈下降趋势。

公别拉河、乌裕尔河、明水、友好、红星湿地、珍宝岛湿地、阿勒泰科克苏湿地、敦煌阳关、张掖黑河湿地、雁鸣湖、麦地卡湿地、东洞庭湖、泗洪洪泽湖湿地、艾比湖湿地、三江源、海子山和洪湖等国家级自然保护区以湿地生态系统和珍稀动植物为主要保护对象，气候均呈暖湿化趋势，干燥度指数总体呈下降趋势，有利于湿地面积扩大和野生动植物物种生长、发育，吸引更多鸟类迁徙至保护区，对自然保护区建设和管理提出更高的要求；同时，湿地面积扩大会对湿地边缘挺水植物等物种造成长期水淹的风险，也会对自然保护区保护边界和功能分区调整提出新的挑战。绰纳河、呼伦湖、三环泡、若尔盖湿地、宝清七星河、向海、波罗湖、威宁草海、挠力河和河南黄河湿地等国家级自然保护区气候呈暖干化趋势，干燥度指数总体呈上升趋势，湿地面积萎缩、湿地生态系统退化，导致生境对保护对象的适宜性和承载能力降低，使得自然保护区面临保护对象减少、保护功能丧失的风险。

5.1.4.4 草原草甸类型

在草原草甸类型的典型自然保护区中，气候呈暖湿化趋势的自然保护区有1 个，气候呈暖干化趋势的自然保护区有 2 个。草原草甸类型自然保护区气候总体呈暖干化趋势，干燥度指数总体呈上升趋势。气温上升、降水减少等气候暖干化趋势，导致草原草甸生态系统向高纬度、高海拔地区迁移以及草原草甸生态系统退化，对草原草甸类型自然保护区的保护对象及其生境构成风险。

云雾山、锡林郭勒草原等国家级自然保护区以草原生态系统为主要保护对象，气候呈暖干化趋势。其中，1960—2018 年云雾山、锡林郭勒草原国家级自然保护区的年均增温速率均达 0.39℃/10a，年降水量也呈波动性减少趋势，气温上升、降水减少的双重气候变化风险源压力叠加，加剧了云雾山、锡林郭勒草原国家级自然保护区面临的气候变化风险。

5.1.4.5　森林生态类型

在森林生态类型的典型自然保护区中，气候呈暖湿化趋势的自然保护区有 35 个，气候呈暖干化的自然保护区有 36 个。森林生态类型自然保护区干燥度指数总体呈上升趋势。气候暖干化导致该类自然保护区野生动植物物种向高纬度、高海拔地区迁移，林线上升，对自然保护区保护边界、功能分区提出挑战，使得自然保护区面临保护对象减少、保护功能丧失等风险。

北极村、岭峰、亚丁、白马雪山、五峰后河、巴尔鲁克山、珠穆朗玛峰、太白山等国家级自然保护区以森林生态系统为主要保护对象，年均增温速率均超过 0.3℃/10a。其中，五峰后河、巴尔鲁克山等国家级自然保护区年均增温速率是全国气温增长速率的 2 倍，巴尔鲁克山、珠穆朗玛峰等国家级自然保护区年均增温速率更是达到 0.5℃/10a 以上；亚丁、白马雪山、五峰后河、巴尔鲁克山、太白山等国家级自然保护区的干燥度指数均呈上升趋势。除气温上升外，水分胁迫也是林线上移的重要原因，高海拔地区的土壤湿润度较高，吸引物种向高海拔地区迁移，对该类自然保护区的保护对象和保护功能构成风险。

5.1.5　结论与讨论

1960—2018 年，典型自然保护区年均气温均呈上升趋势，年降水量增加、减少的自然保护区数量分别占典型自然保护区总数的 52.1%、47.9%，干燥度指数上升、下降的自然保护区数量分别占典型自然保护区总数的 80.4%、19.6%。典型自然保护区气温、降水、干燥度指数变化均具有明显的地域差异和类型差异。在华北地区、华中地区、东北地区、西北地区有超过一半的典型自然保护区气候呈暖干化趋势，华东地区、华南地区、西南地区、西北地区典型自然保护区中有超过一半的自然保护区气候呈暖湿化趋势；野生植物类型、草原草甸类型、野生动物类型、森林生态类型的典型自然保护区中有超过一半的自然保护区气候呈暖干化趋势，荒漠生态类型、海洋海岸类型、内陆湿地类型的典型自然保护区中有超过一半的自然保护区气候呈暖湿化趋势。

除气温、降水等气候要素变化的风险源压力外，自然保护区保护对象的类型及其对气候变化的脆弱性和适应能力也是影响自然保护区气候变化风险的主要因素。

（1）野生动物类型自然保护区气候总体呈暖干化趋势，气温升高，干燥度指数上升，造成该类自然保护区出现野生动物赖以生存的生境退化、野生动物分布向高纬度、高海拔地区迁移等现象，对自然保护区保护对象、保护功能等造成风险。例如，陕西秦岭是我国大熊猫分布的最北界，是黄河流域唯一尚存的大熊猫分布区，目前已建立了长青、佛坪、周至等 8 个国家级自然保护区和老县城、皇冠山等 9 个省级自然保护区。模型预测显示，气候变化将导致秦岭地区大熊猫适宜生境向高海拔地区转移；到 2050 年，大熊猫适宜生境平均海拔将上升约 30 m，9 个自然保护区所保护的适宜生境将会丧失，其中板桥、摩天岭、娘娘山、盘龙、桑园、太白山和周至等自然保护区将会丧失大量的适宜生境（李佳，2017）。鄂尔多斯遗鸥国家级自然保护区气候呈暖干化趋势，导致保护区内湿地趋于干旱、退化（刘迪，2017），2000—2015 年保护区水面面积缩减 73.42%，且主要发生在保护区核心区，导致遗鸥的主要栖息地迅速萎缩，主要保护对象遗鸥由 2000 年的万余只至 2005 年基本消失（王玉华等，2017）。此外，扎龙国家级自然保护区1979—2006 年气候也呈暖干化趋势，导致保护区湿地生态系统水文条件变化、沼泽地向耕地转化过程加快，造成湿地退化及沼泽地面积比例减少，使得沼泽地、草地等出现相对于核心区的北移趋势，削弱了自然保护区对保护对象及其赖以生存的湿地生境的保护功能（沃晓棠，2010）。

（2）草原草甸类型典型自然保护区气候总体呈暖干化趋势，气温升高，降水减少，干燥度指数上升，导致该类保护区出现草原草甸生态系统退化及物种分布向高海拔、高纬度地区迁移等现象。例如，宁夏云雾山国家级自然保护区气候变化对草地生态系统初级生产力的影响研究表明，近 20 年来保护区休眠期平均气温以 0.09℃/a 的速率显著升高（P＜0.01），降水量总体呈下降趋势，其中温度升高引起地表积雪减少、冻融频发及土壤微环境变化，加之休眠期降水较少，呈现对草地净初级生产力发展的抑制效应（郑周敏等，2018）。近 30 年（1981—2013 年）锡林郭勒盟草原长期处于退化趋势，锡林郭勒草原国家级自然保护区所属的中部区域草地退化剧烈，年际变化较大，由夏季降水量的下降趋势与夏季平均气温的上升趋势形成的暖干化气候是造成草地退化的主要因素（马梅等，2017）。气候条件变化是影响干旱、半干旱区草地植被生长的关键因素，气候暖干化对草原草甸生态系统的不利影响，削弱了草原草甸类型自然保护区对典型草原生态系统等保护对象的保护功能，对自然保护区保护对象、保护功能等造成风险。

（3）内陆湿地类型自然保护区气候总体呈暖湿化趋势，兼受气候暖干化和气候暖湿化影响，表明该类自然保护区的保护对象及其生境对气候变化具有较强的脆弱性，气候暖干化、暖湿化等气候变化均易对自然保护区保护对象、保护功能等造成风险。2011 年，长江中下游地区春季长时间干旱导致鄱阳湖、洞庭湖、洪湖等大面积干涸，同年 6 月后连续 4 次强降雨带来的洪水对干旱后幸存的湿地植物造成严重的水淹胁迫（罗文泊等，2007）；考虑到长时间水淹或洪水可导致沉水植物、浮叶植物甚至某些挺水植物的种群密度和生物量大幅降低（Asaeda et al.，2007），旱涝急转后水文情况恢复正常，造成湿地生态系统大量物种死亡，影响种群更新和恢复，改变植被组成和结构。在未来气候变化情景（RCP8.5、RCP4.5 和 RCP2.6）下，2020—2050 年若尔盖湿地流域径流量不断减少，非汛期径流量的锐减使得湿地补给水量减少，导致若尔盖湿地水位下降，破坏湿地生态系统稳定性，进一步加剧若尔盖湿地的退化和萎缩，不利于湿地保护和生态系统的稳定（赵娜娜等，2019）。

（4）荒漠生态类型自然保护区气候呈暖湿化趋势，干燥度指数总体呈下降趋势，水热条件好转，有利于该类保护区野生动植物物种生长、发育和扩散。森林生态类型自然保护区气候总体呈暖干化趋势，但是气候呈暖干化趋势的自然保护区数量与气候呈暖湿化趋势的自然保护区数量大致相当，表明该类自然保护区保护对象及其生境对气候变化具有较强的脆弱性。

5.2　雅鲁藏布江中游河谷黑颈鹤国家级自然保护区气候变化风险研究

5.2.1　研究区域

雅鲁藏布江中游河谷黑颈鹤国家级自然保护区（以下简称雅鲁藏布江中游河谷黑颈鹤自然保护区）位于北纬 28°39′～30°00′、东经 87°34′～91°54′，地跨西藏"一江两河"（雅鲁藏布江及其支流拉萨河和年楚河）流域大片河谷湿地、农田和羊卓雍错湖泊湿地，涉及日喀则市、山南市、拉萨市的 10 个县（区），保护区总面积为 473 153 hm^2。雅鲁藏布江中游河谷黑颈鹤自然保护区是在西藏自治区人民政府于 1993 年批准成立的自治区级林周黑颈鹤自然保护区的基础上扩建、更名的，并于 2003 年申请晋升为国家级自然保护区，2003 年 6 月由国务院办公厅正式批准建立。

根据保护区的自然地理特征，雅鲁藏布江中游河谷黑颈鹤自然保护区分为日喀则雅江中游河谷区（以下简称日喀则片区）、拉萨河流域河谷区（以下简称拉萨片区）、羊卓雍错湖泊湿地区（以下简称羊湖片区）三大片区。其中，保护区的核心区由拉孜核心区、扎西岗核心区、塔玛核心区、大竹卡核心区、林周澎波核心区、达孜核心区、羊卓雍错核心区 7 个斑块组成，占保护区总面积的 24.8%；缓冲区由拉孜缓冲区、扎西岗缓冲区、塔玛缓冲区、大竹卡缓冲区、林周澎波缓冲区、达孜缓冲区、羊卓雍错缓冲区 7 个斑块组成，占保护区总面积的 31.7%；实验区由日喀则实验区、吉定实验区、拉萨河流域实验区、羊卓雍错实验区 4 个斑块组成，占保护区总面积的 43.5%。

雅鲁藏布江中游河谷黑颈鹤自然保护区属于野生动物类型自然保护区，是以保护国家Ⅰ级重点保护野生动物黑颈鹤及其越冬栖息地，繁殖育雏及留鸟栖息地，以及其他高原水禽为主的国家级自然保护区。黑颈鹤（*Grus nigricollis*）是世界现存 15 种鹤类中唯一栖息于海拔 3 500～5 000 m 的高地种类。据统计，我国 80% 以上的黑颈鹤越冬与繁殖地分布于西藏自治区。根据 2000 年 12 月西藏自治区林业局对黑颈鹤越冬地的调查结果，当时在西藏越冬的黑颈鹤达 7 946 只。其中，67% 的黑颈鹤在拉孜至大竹卡的雅鲁藏布江与其支流的湿地、农田栖息与觅食，26% 的黑颈鹤集中在拉萨河中下游谷地越冬，7% 的黑颈鹤在山南地区越冬；此外，在雅鲁藏布江上游地区、藏东地区也有少量越冬群体。越冬时，黑颈鹤一般夜间在河流、湖泊湿地附近松软的沙滩和稀疏避风的灌丛间栖息，9：00—10：00 飞离栖息地到农田、沼泽地觅食，19：00—20：00 返回栖息地。越冬时，黑颈鹤的主要食物来源包括农田中的青稞、小麦余秼，以及浅水、沼泽内的水生动植物。该自然保护区在保护黑颈鹤与其栖息地的同时也保护了生活于该区域的其他水禽，特别是与之生活习性相似的候鸟，如斑头雁（*Anser indicus*）、赤麻鸭（*Tadoma ferruginea*）等。

雅鲁藏布江中游河谷黑颈鹤自然保护区地处气候敏感脆弱区——青藏高原的"一江两河"地区。"一江两河"地区是集河流、滩涂、沼泽和农田湿地于一体的复合湿地生态系统，也是西藏自治区经济社会较发达的地区。要保护好黑颈鹤等珍稀水禽，就必须保护好其以湿地生态系统为主的越冬栖息地。考虑到我国特别是西藏自治区在世界黑颈鹤物种保护中的重要地位，气候变化对野生动物影响的日益凸显，以及保护区所在区域对全球气候变化的敏感性、相对强烈的人类干扰、湿地生态系统对气候变化适应能力等，亟须开展雅鲁藏布江中游河谷黑颈鹤自然保护区气候变化风险研究，以保障和增强自然保护区对黑颈鹤的保护能力，支撑我国有效履行生物多样性保护及相关国家公约等。

5.2.2 研究方法

5.2.2.1 生境适宜性评价

（1）评价指标

根据雅鲁藏布江中游河谷黑颈鹤自然保护区黑颈鹤及其生境分布情况，参考黑颈鹤生境适宜性评价的有关研究成果，选择雅鲁藏布江中游河谷黑颈鹤自然保护区黑颈鹤生境适宜性评价指标，并确定各评价指标的分级标准，包括适宜、较适宜、不适宜 3 个等级。依据野外实地调查、资料分析、空间分析等结果，结合相关研究对黑颈鹤生境适宜性评价指标的划分标准，确定不同生境类型的食物丰富度、高程、坡度和觅食面积，以及距水源、夜栖地、居民地、道路的距离等指标的分级标准。同时，采用层次分析法，确定雅鲁藏布江中游河谷黑颈鹤自然保护区黑颈鹤生境适宜性评价指标权重（表 5-6）。

表 5-6　雅鲁藏布江中游河谷黑颈鹤自然保护区黑颈鹤生境适宜性评价指标

评价指标	分级标准			权重
	适宜	较适宜	不适宜	
食物丰富度	未耕农田、湿沼	河滩、草地、冬小麦、翻耕农田	林地、裸地、建设用地、水域等	0.312 8
距水源的距离/m	<600	600～1 500	>1 500	0.199 5
觅食面积/m²	>30 000	20 000～30 000	<20 000	0.172 2
距夜栖地的距离/m	<2 500	2 500～5 000	>5 000	0.086 1
高程/m	<4 000	4 000～4 500	>4 500	0.076 7
坡度/（°）	0～10	10～30	>30	0.069 8
距居民地的距离/m	>100	—	≤100	0.048 0
距道路的距离/m	>150	—	≤150	0.034 9

（2）评价方法

根据雅鲁藏布江中游河谷黑颈鹤自然保护区黑颈鹤生境适宜性评价指标及其

分级标准，利用 Arc GIS 软件的空间分析功能，对各要素进行分类，并按适宜性分值赋分，其中适宜 100 分、较适宜 60 分、不适宜 10 分。

以斑块为基本单元，按照各评价指标的得分和权重，对自然保护区黑颈鹤生境适宜性评价指标进行加权叠加运算，求得雅鲁藏布江中游河谷黑颈鹤自然保护区黑颈鹤生境适宜性得分，计算公式如下：

$$S_i = \sum_{j=1}^{n} h_{ij} \times w_j \tag{5-8}$$

式中，S_i 为第 i 个评价单元的生境适宜性得分，80～100 分为生境适宜区，60～80 分为生境较适宜区，<60 分为生境不适宜区；h_{ij} 为第 i 个单元第 j 个生境适宜性评价指标的分值；w_j 为第 j 个评价因子的权重，$n=8$。

5.2.2.2　风险分析

在气候变化分析和生境适宜性评价的基础上，结合自然保护区功能区划，构建自然保护区黑颈鹤生境的保护比例和保护效率的计算公式，分析自然保护区黑颈鹤生境适宜性与其功能区划在空间分布上的匹配程度，评估自然保护区及其各功能分区对黑颈鹤生境的保护比例和保护效率指数，辨识自然保护区黑颈鹤保护面临的主要风险。

（1）保护比例

保护比例由各功能分区的黑颈鹤生境面积与自然保护区黑颈鹤生境总面积的比值表征，其计算公式如下：

$$PR = \frac{PA}{SA} \times 100\% \tag{5-9}$$

式中，PR 为自然保护区各功能分区的保护比例；PA 为各功能分区黑颈鹤生境面积；SA 为自然保护区黑颈鹤生境总面积。

（2）保护效率

保护效率由各功能分区的黑颈鹤生境面积占该功能分区面积的比例表征，其计算公式具体如下：

$$CE = \frac{PA}{PT} \times 100\%$$

(5-10)

式中，CE 为自然保护区各功能分区的保护效率；PT 为自然保护区各功能分区的面积。CE 越高，自然保护区的保护效率越高。

5.2.2.3 数据来源与处理

（1）数据来源

本研究的数据来源主要包括：①数字高程模型（DEM），来自中国国际科学数据平台（2009，30 m 分辨率）。②TM、NDVI 等遥感资料。③自然保护区边界，由自然保护区管理局提供。④道路、居民地数据，来自国家基础地理信息中心 1：25 万全国地形数据库，并根据高清影像予以更新。⑤实地调查资料。其中，实地调查主要包括两个方面：一是在林业部门工作人员的带领下，沿河谷调查黑颈鹤生境，对青稞地、草地等生境地类进行定位、拍照，为目视解译提供依据；二是与自然保护区管护站等相关人员座谈，了解黑颈鹤生活习性，采集黑颈鹤使用频率最高的夜宿地和觅食地的地理坐标。

（2）数据处理

对 TM 影像做辐射定标、大气矫正等处理，依据野外调查建立的解译标志对影像进行监督分类，把土地利用类型分为农田、草地、河滩、沼泽、河流、湖泊、林地、裸地等，对解译结果进行修正，并将农田类型进行再分类，分为未翻耕地、已翻耕地、冬小麦地。

以斑块为基本单元，采用 ArcGIS 分析工具中的 Near 功能，计算各斑块距水源、道路、居民地、夜栖地等的距离，利用空间分析中的 Zonal 工具计算各斑块的平均高程、平均坡度。

5.2.3 雅鲁藏布江中游河谷黑颈鹤自然保护区气候变化特征分析

根据雅鲁藏布江中游河谷黑颈鹤自然保护区所涉及的拉萨站、日喀则站、拉孜站、南木林站、贡嘎站、墨竹工卡站、浪卡子站等气象站逐日观测资料，分析雅鲁藏布江中游河谷黑颈鹤自然保护区气温、降水等年际气候要素变化特征和地域差异，总结雅鲁藏布江中游河谷黑颈鹤自然保护区气候变化趋势。

5.2.3.1 气温变化

（1）年际变化

1991—2015 年，拉萨站、贡嘎站年均温相对较高，分别为 8.96℃和 8.95℃；其次是拉孜站、日喀则站、墨竹工卡站和南木林站，年均温分别为 7.36℃、7.08℃、6.60℃和 6.21℃；浪卡子站的年均温相对较小，为 3.42℃。1991—2015 年，拉孜站、贡嘎站、拉萨站、日喀则站、墨竹工卡站和浪卡子站年均温的最大值均出现在 2009 年；南木林站年均温的最大值出现在 2010 年，但是其 2009 年的年均温仅次于 2010 年的年均温（图 5-8）。

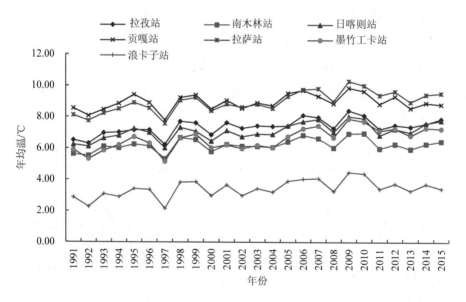

图 5-8 雅鲁藏布江中游河谷黑颈鹤自然保护区年均温变化趋势

1991—2015 年，雅鲁藏布江中游河谷黑颈鹤自然保护区年均温为 6.95℃。其中，拉萨片区的年均温相对较高，为 7.78℃，高于自然保护区的平均水平；其次是日喀则片区，其年均温为 6.88℃，低于自然保护区的平均水平；羊湖片区的年均温相对较低，为 6.18℃。

1991—2015 年，雅鲁藏布江中游河谷黑颈鹤自然保护区年均温总体均呈上升趋势。其中，拉孜站、南木林站、日喀则站、拉萨站、墨竹工卡站、浪卡子站的气温倾向率分别为 0.47℃/10a、0.23℃/10a、0.49℃/10a、0.69℃/10a、0.72℃/10a 和 0.42℃/10a，拉萨片区、日喀则片区、羊湖片区的气温倾向率分别为 0.70℃/10a、0.39℃/10a 和 0.34℃/10a。

（2）季节变化

1991—2015 年雅鲁藏布江中游河谷黑颈鹤自然保护区春季、夏季、秋季、冬季的多年平均气温分别为 7.51℃、13.45℃、10.97℃和-0.65℃，夏季和秋季平均气温较高，春季次之，冬季平均气温相对较低（图 5-9～图 5-12）。其中，拉孜站、南木林站、日喀则站、贡嘎站、拉萨站、墨竹工卡站、浪卡子站 7 个气象站春季、夏季、秋季、冬季的多年平均气温分别为 3.09～9.92℃、8.98～15.52℃、7.09～13.02℃和-2.42～0.80℃，拉萨片区、日喀则片区、羊湖片区 3 个片区春季、夏季、秋季、冬季的多年平均气温分别为 6.51～8.33℃、12.25～14.28℃、10.06～11.91℃和-0.81～0.07℃。

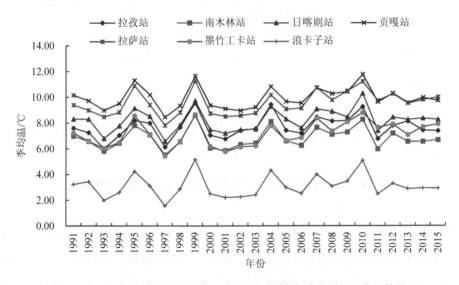

图 5-9　雅鲁藏布江中游河谷黑颈鹤自然保护区春季平均气温变化趋势

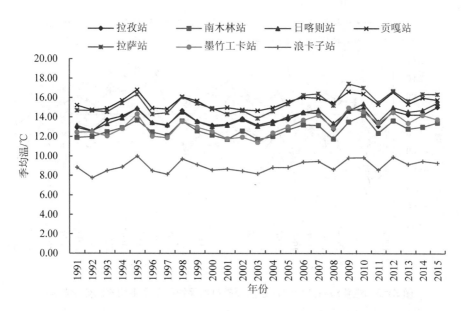

图 5-10 雅鲁藏布江中游河谷黑颈鹤自然保护区夏季平均气温变化趋势

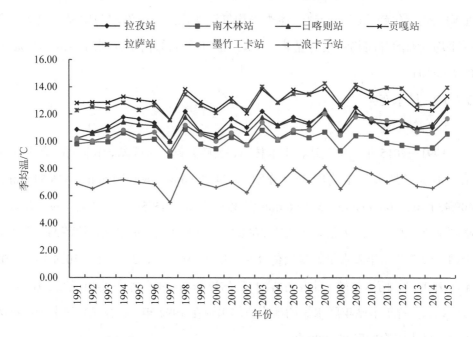

图 5-11 雅鲁藏布江中游河谷黑颈鹤自然保护区秋季平均气温变化趋势

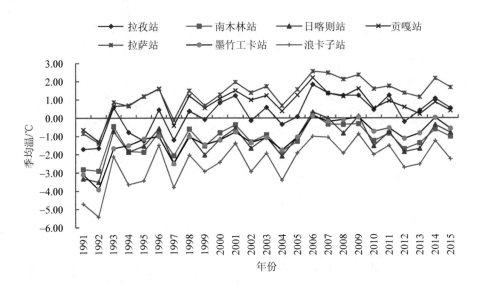

图 5-12 雅鲁藏布江中游河谷黑颈鹤自然保护区冬季平均气温变化趋势

1991—2015 年，雅鲁藏布江中游河谷黑颈鹤自然保护区春季、夏季、秋季平均气温变化趋势较为一致，冬季平均气温变化的波动性较为明显，夏季、冬季平均气温的升高趋势相对显著，平均气温的气温倾向率分别为 0.54℃/10a 和 0.70℃/10a。

5.2.3.2 降水变化

（1）年际变化

1991—2015 年，拉孜站、南木林站、日喀则站、贡嘎站、拉萨站、墨竹工卡站、浪卡子站多年平均降水量分别为 347.90 mm、470.90 mm、436.54 mm、409.42 mm、465.36 mm、571.46 mm 和 381.10 mm（图 5-13）。期间，拉孜站、日喀则站年降水量的最大值均出现在 2000 年，南木林站、贡嘎站、拉萨站、墨竹工卡站、浪卡子站年降水量的最大值分别出现在 1999 年、2004 年、2014 年、2003 年和 2008 年；南木林站、日喀则站、贡嘎站年降水量的最小值均出现在 2015 年，拉萨站、墨竹工卡站年降水量的最小值均出现在 1992 年，拉孜站、浪卡子站年降水量的最小值均出现在 2009 年。

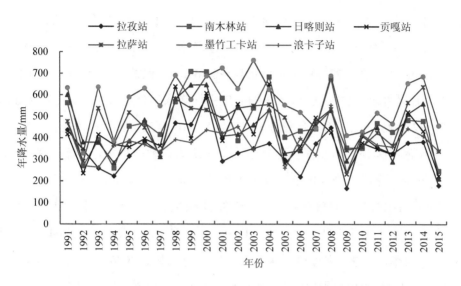

图 5-13　雅鲁藏布江中游河谷黑颈鹤自然保护区年降水量变化趋势

1991—2015 年，雅鲁藏布江中游河谷黑颈鹤自然保护区多年平均降水量为 440.38 mm。其中，拉萨片区多年平均降水量为 518.41 mm，高于保护区多年平均降水量；日喀则片区、羊湖片区多年平均降水量分别为 418.44 mm 和 395.26 mm，均低于保护区多年平均降水量。

1991—2015 年，雅鲁藏布江中游河谷黑颈鹤自然保护区的年均降水量变化具有明显的波动性，总体呈下降趋势。其中，2015 年拉孜站、南木林站、日喀则站、贡嘎站、拉萨站、墨竹工卡站、浪卡子站的年均降水量均小于其 1991 年的年均降水量，保护区及其 3 个片区的年均降水量也均小于其 1991 年的年均降水量。2010 年除浪卡子站外其他 6 个气象站（拉孜站、南木林站、日喀则站、贡嘎站、拉萨站、墨竹工卡站）观测的年均降水量均小于其 20 世纪 90 年代的年均降水量，保护区及拉萨片区、日喀则片区的年均降水量也小于其 20 世纪 90 年代的年均降水量。

（2）季节变化

1991—2015 年，雅鲁藏布江中游河谷黑颈鹤自然保护区春季、夏季、秋季、冬季的多年平均降水量分别为 35.44 mm、228.26 mm、198.63 mm 和 1.98 mm。

其中，拉孜站、南木林站、日喀则站、贡嘎站、拉萨站、墨竹工卡站、浪卡子站春季、夏季、秋季、冬季的多年平均降水量分别为 16.18～72.47 mm、178.42～302.65 mm、166.39～232.06 mm 和 0.44～6.36 mm，保护区拉萨片区、日喀则片区、羊湖片区春季、夏季、秋季、冬季的多年平均降水量分别为 23.47～57.12 mm、194.96～273.85 mm、188.05～217.89 mm 和 0.80～4.36 mm。总体而言，雅鲁藏布江中游河谷黑颈鹤自然保护区夏季降水量最大，秋季次之，春季、冬季降水量相对较少；保护区降水集中于夏季和秋季，季节差异显著。

1991—2015 年，雅鲁藏布江中游河谷黑颈鹤自然保护区春季、夏季、秋季、冬季降水量变化均呈明显的波动性。其中，雅鲁藏布江中游河谷黑颈鹤自然保护区春季、夏季、秋季、冬季降水量的最大值分别出现在 2006 年、2004 年、1998 年和 1994 年，最小值分别出现在 1995 年、2009 年、2006 年和 2001 年（图 5-14～图 5-17）。

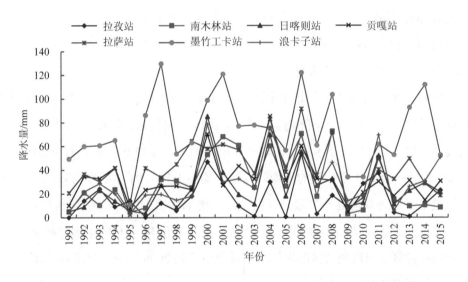

图 5-14　雅鲁藏布江中游河谷黑颈鹤自然保护区春季降水量变化趋势

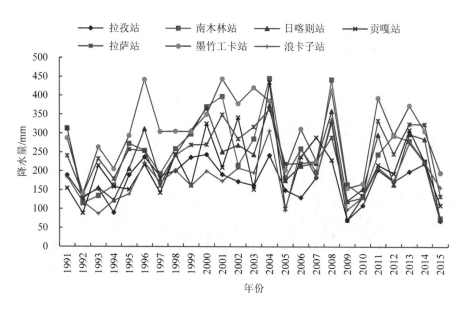

图 5-15 雅鲁藏布江中游河谷黑颈鹤自然保护区夏季降水量变化趋势

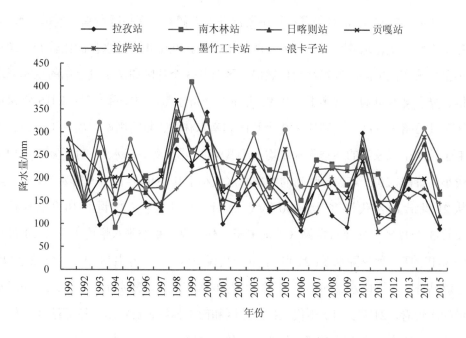

图 5-16 雅鲁藏布江中游河谷黑颈鹤自然保护区秋季降水量变化趋势

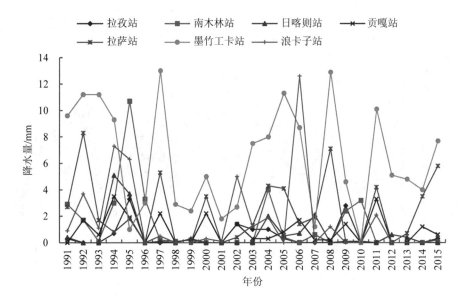

图 5-17　雅鲁藏布江中游河谷黑颈鹤自然保护区冬季降水量变化趋势

　　1991—2015 年，雅鲁藏布江中游河谷黑颈鹤自然保护区春季、夏季、秋季、冬季降水量变化总体呈下降趋势。从 2015 年与 1991 年季降水量的比较看，2015年雅鲁藏布江中游河谷黑颈鹤自然保护区及其 3 个片区和 7 个气象站的秋季降水量、夏季降水量均分别小于其 1991 年的秋季降水量、夏季降水量；2015 年保护区及其日喀则片区、羊湖片区 2 个片区和南木林站、日喀则站、墨竹工卡站、浪卡子站 4 个气象站的冬季降水量均小于其 1991 年的冬季降水量。对于降水量相对较小的春季，2015 年仅拉萨站的春季降水量小于其 1991 年的春季降水量。同时，从 21 世纪 10 年代与 20 世纪 90 年代季降水量的比较看，21 世纪 10 年代保护区及其 3 个片区和 6 个气象站（除浪卡子站外）夏、秋季降水量均小于其 20 世纪90 年代的夏、秋季降水量；21 世纪 10 年代保护区及其 3 个片区和 6 个气象站（除拉萨站外）冬季降水量均小于其 20 世纪 90 年代的冬季降水量；从各地春季降水量的比较看，21 世纪 10 年代仅拉萨片区和南木林站、贡嘎站、拉萨站 3 个气象站的春季降水量小于其 20 世纪 90 年代的春季降水量。

对雅鲁藏布江中游河谷黑颈鹤自然保护区相关气象站降水逐日观测资料的分析表明，雅鲁藏布江中游河谷黑颈鹤自然保护区降水具有明显的年际变化、季节变化和地域差异。该区降水集中于夏季和秋季，夏、秋两季的降水量占全年降水量的77%以上；年降水量及春季、夏季、秋季、冬季降水量的年际变化具有明显的波动性，总体呈下降趋势，特别是降水量所占比例较大、与植被生长密切相关的夏秋季降水量普遍下降；保护区拉萨片区的降水量相对较大，日喀则片区次之，羊湖片区的降水量相对较小。

结合平均气温的年际变化和季节变化，1991—2015 年雅鲁藏布江中游河谷黑颈鹤自然保护区气候变化表现出一定程度的暖干化特征。总体来看，雅鲁藏布江中游河谷黑颈鹤自然保护区自建立自治区级自然保护区以来经历了以暖干化为主要特征的气候变化。

5.2.4　雅鲁藏布江中游河谷黑颈鹤自然保护区黑颈鹤生境适宜性评价

5.2.4.1　黑颈鹤生境组成

在雅鲁藏布江中游河谷黑颈鹤自然保护区及其保护边界的 1 000 m 缓冲区域内，黑颈鹤生境适宜区总面积达 66 985 hm²。其中，河滩面积最大，占黑颈鹤生境适宜区总面积的 57.09%；其次是翻耕地、草地和未翻耕地，分别占黑颈鹤生境适宜区总面积的 15.97%、14.16% 和 11.95%；湿沼面积最小，占黑颈鹤生境适宜区总面积的 0.82%（图 5-18）。

黑颈鹤生境较适宜区总面积达 156 493 hm²，主要由草地、翻耕地、河滩、未翻耕地和冬小麦地组成。其中，草地面积最大，约占黑颈鹤生境较适宜区总面积的 78.50%；其次是翻耕地，约占黑颈鹤生境较适宜区总面积的 12.25%；河滩、未翻耕地、冬小麦地面积相对较小，分别占黑颈鹤生境较适宜区总面积的 8.00%、1.07% 和 0.17%（图 5-19）。

图 5-18　雅鲁藏布江中游河谷黑颈鹤自然保护区黑颈鹤生境适宜区组成

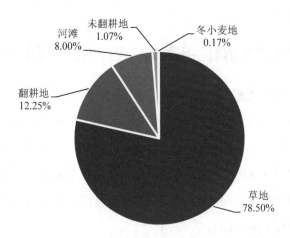

图 5-19　雅鲁藏布江中游河谷黑颈鹤自然保护区黑颈鹤生境较适宜区组成

　　黑颈鹤生境不适宜区总面积达 491 230 hm²，包括草地、林地、水面、裸地、河滩、建设用地、翻耕地、冬小麦地等土地利用/覆被类型。其中，草地面积最大，占黑颈鹤生境不适宜区总面积的 66.57%；其次是林地和水面，分别占黑颈鹤生境不适宜区总面积的 13.26% 和 12.25%；河滩、建设用地、翻耕地、冬小麦地面积相对较小，占黑颈鹤生境不适宜区总面积的比例均不足 1%（图 5-20）。

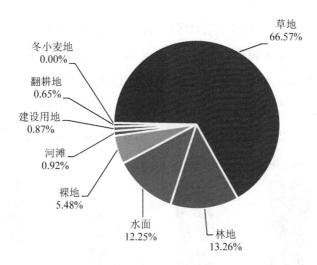

图 5-20　雅鲁藏布江中游河谷黑颈鹤自然保护区黑颈鹤生境不适宜区组成

综上，雅鲁藏布江中游河谷黑颈鹤自然保护区黑颈鹤生境适宜区以河滩、翻耕地和草地等为主，较适宜区以草地、翻耕地和河滩等为主，不适宜区以草地、林地、水面等为主。其中，黑颈鹤偏好的河滩、未翻耕地、湿沼等在生境适宜区、较适宜区、不适宜区的分布不断减少，建设用地、林地、裸地和水面主要分布在黑颈鹤生境不适宜区。

5.2.4.2　黑颈鹤生境分布

从保护区及其片区的黑颈鹤生境适宜性等级组成看，雅鲁藏布江中游河谷黑颈鹤自然保护区黑颈鹤生境适宜区、生境较适宜区、生境不适宜区分别占保护区黑颈鹤生境总面积的 9.37%、21.90%和 68.73%，其中黑颈鹤生境适宜区、生境较适宜区占保护区生境总面积的比例合计 31.27%。在保护区各片区中，拉萨片区黑颈鹤生境适宜区、生境较适宜区、生境不适宜区分别占该片区黑颈鹤生境总面积的 9.67%、19.15%和 71.19%，黑颈鹤生境适宜区、生境较适宜区占该片区黑颈鹤生境总面积的比例合计 28.82%；日喀则片区黑颈鹤生境适宜区、生境较适宜区、生境不适宜区所占比例分别为 14.62%、18.46%和 66.92%，黑颈鹤生境适宜区、生境较适宜区占该片区黑颈鹤生境总面积的比例合计 33.08%；羊湖片区黑颈鹤生境适宜区、生境较适宜区、生境不适宜区所占比例分别为0.95%、29.88%和69.18%，黑颈鹤生境适宜区、生境较适宜区占该片区黑颈鹤生境总面积的比例合计30.83%（图5-21）。可以看出，拉萨片区、日喀则片区中黑颈鹤生境适宜区比例较高，高于保护区的平均水平；羊湖片区中黑颈鹤生境适宜区面积比例较低，但是生境较适宜区比例最高，生境适宜区、生境较适宜区合计比例超过拉萨片区的相应比例。

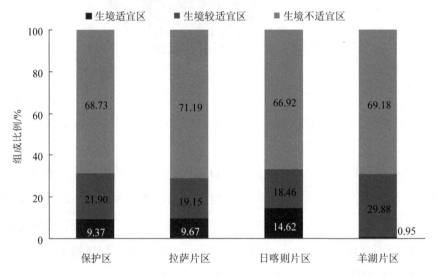

图5-21　雅鲁藏布江中游河谷黑颈鹤自然保护区黑颈鹤生境结构

从黑颈鹤生境适宜区在保护区各片区的分布看，黑颈鹤生境适宜区集中分布于日喀则片区，在拉萨片区的分布次之，在羊湖片区的分布相对较少。其中，黑颈鹤生境适宜区在拉萨片区、日喀则片区、羊湖片区的分布面积分别为18 934 hm^2、46 128 hm^2、1 924 hm^2，拉萨片区、日喀则片区、羊湖片区黑颈鹤生境适宜区占保护区黑颈鹤生境适宜区总面积的28.27%、68.86%、2.87%（图5-22）。

从黑颈鹤生境较适宜区在保护区各片区的分布看，黑颈鹤生境较适宜区在各片区的分布比例相近。其中，拉萨片区黑颈鹤生境较适宜区面积为37 495 hm^2，占保护区黑颈鹤生境较适宜区总面积的23.96%；日喀则片区黑颈鹤生境较适宜区面积为58 272 hm^2，占保护区黑颈鹤生境较适宜区总面积的37.24%；羊湖片区黑颈鹤生境较适宜区面积为 60 727 hm^2,占保护区黑颈鹤生境较适宜区总面积的 38.80%(图 5-22)。

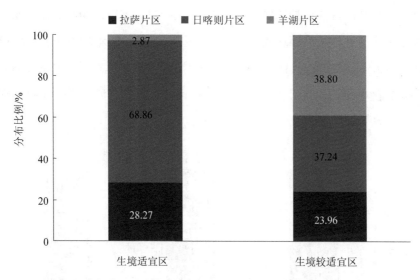

图 5-22 雅鲁藏布江中游河谷黑颈鹤自然保护区黑颈鹤生境适宜区、
生境较适宜区在各保护片区的分布情况

综上,与黑颈鹤保护更为密切相关的黑颈鹤生境适宜区和生境较适宜区主要分布在日喀则片区,其次是羊湖片区,拉萨片区的黑颈鹤生境适宜区和生境较适宜区面积相对较小。其中,日喀则片区、羊湖片区、拉萨片区的黑颈鹤生境适宜区和生境较适宜区分别占雅鲁藏布江中游河谷黑颈鹤自然保护区黑颈鹤生境适宜区和生境较适宜区总面积的 46.72%、28.03%、25.25%,日喀则片区、羊湖片区、拉萨片区的黑颈鹤生境适宜区和生境较适宜区分别占各片区黑颈鹤生境面积的 33.08%、30.83%、28.82%。

5.2.5 雅鲁藏布江中游河谷黑颈鹤自然保护区黑颈鹤保护的风险评估

5.2.5.1 保护区

在雅鲁藏布江中游河谷黑颈鹤自然保护区,黑颈鹤生境适宜区在核心区、缓冲区、实验区、边界缓冲带（即保护边界的 1 000 m 缓冲区域）的保护比例分别为 50.62%、18.77%、21.51%、9.10%；黑颈鹤生境较适宜区在核心区、缓冲区、实验区、边界缓冲带的保护比例分别为 23.78%、33.05%、29.46%、13.71%，黑颈鹤生境不适宜区在核心区、缓冲区、实验区、边界缓冲带的保护比例分别为 13.71%、29.58%、42.65%、14.06%（图 5-23）。其中，黑颈鹤生境适宜区、生境较适宜区、生境不适宜区的保护比例最大值分别位于雅鲁藏布江中游河谷黑颈鹤自然保护区核心区、缓冲区、实验区。

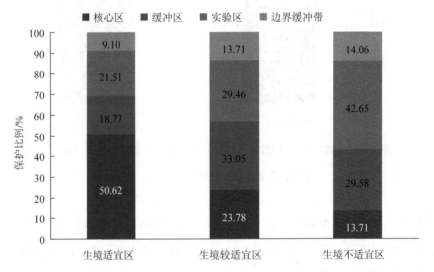

图 5-23　雅鲁藏布江中游河谷黑颈鹤自然保护区的黑颈鹤生境保护比例

　　雅鲁藏布江中游河谷黑颈鹤自然保护区核心区对黑颈鹤生境适宜区、生境较适宜区、生境不适宜区的保护效率分别为 24.49%、26.88% 和 46.83%，缓冲区对黑颈鹤生境适宜区、生境较适宜区、生境不适宜区的保护效率分别为 6%、24.67% 和 69.33%，实验区对黑颈鹤生境适宜区、生境较适宜区、生境不适宜区的保护效率分别为 5.34%、17.07% 和 77.59%（图 5-24）。从自然保护区各功能分区对黑颈鹤生境的保护效率看，雅鲁藏布江中游河谷黑颈鹤自然保护区各功能分区对黑颈鹤生境不适宜区的保护效率均远远高于对黑颈鹤生境适宜区、生境较适宜区的保护效率。

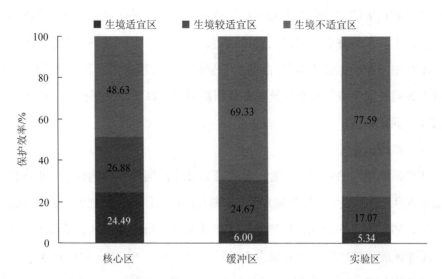

图 5-24　雅鲁藏布江中游河谷黑颈鹤自然保护区的黑颈鹤生境保护效率

综上，尽管雅鲁藏布江中游河谷黑颈鹤自然保护区各功能分区黑颈鹤生境适宜区、生境较适宜区在保护区核心区、缓冲区的保护比例最大，但是黑颈鹤生境适宜区在保护区实验区和边界缓冲带的分布比例合计 30.61%，黑颈鹤较适宜区在保护区实验区和边界缓冲带的分布比例合计 43.17%，使得这部分黑颈鹤生境适宜区和生境较适宜区，特别是处于保护区边界缓冲带内的黑颈鹤生境适宜区和生境较适宜区暴露于人类活动的直接干扰下，形成对黑颈鹤生境及黑颈鹤的风险。同时，保护区核心区、缓冲区对黑颈鹤生境适宜区和生境较适宜区的保护效率仍然较低，特别是缓冲区，其对黑颈鹤生境适宜区的保护效率仅为 6%、对黑颈鹤生境较适宜区的保护效率不足 25%，仍分布有较高比例的黑颈鹤生境不适宜区。

上述分析发现，就整个保护区而言，目前雅鲁藏布江中游河谷黑颈鹤自然保护区核心区、缓冲区的总面积超过该保护区黑颈鹤生境适宜区、生境较适宜区的总面积。因此，从保护面积看，雅鲁藏布江中游河谷黑颈鹤自然保护区功能区划满足黑颈鹤生境适宜区和生境较适宜区的保护需求，但是自然保护区核心区、缓冲区与黑颈鹤生境适宜区、生境较适宜区在空间布局上存在明显偏差，在保护区的实验区和边界缓冲带仍有大面积且连续分布的黑颈鹤生境适宜区、生境较适宜区。总体上，雅鲁藏布江中游河谷黑颈鹤自然保护区保护边界、功能分区与黑颈鹤生境在空间布局上的不匹配，削弱了自然保护区对黑颈鹤及其生境的保护能力，使得黑颈鹤及其生境等自然保护区主要保护对象因缺乏严格保护而面临风险。

5.2.5.2 保护片区

（1）黑颈鹤生境适宜区

从黑颈鹤生境的保护比例看，雅鲁藏布江中游河谷黑颈鹤自然保护区黑颈鹤生境适宜区在拉萨片区、日喀则片区、羊湖片区核心区的保护比例分别为 46.75%、51.83%、59.52%；黑颈鹤生境适宜区在拉萨片区、日喀则片区、羊湖片区的核心区和缓冲区的保护比例合计分别为 63.81%、70.53%、96.79%（图 5-25）。与自然保护区其他功能分区（缓冲区、实验区）、边界缓冲带相比，黑颈鹤生境适宜区在3 个保护区片区核心区中的保护比例均最大。

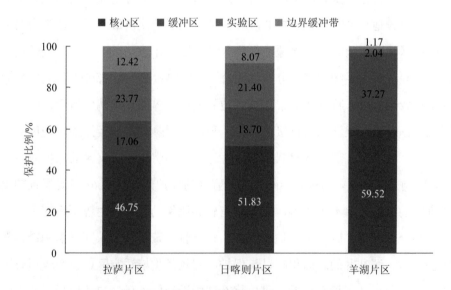

图 5-25　各保护片区黑颈鹤生境适宜区的保护比例

在 3 个保护区片区中，黑颈鹤生境适宜区在羊湖片区核心区、缓冲区的保护比例最大，在日喀则保护片区核心区、缓冲区的保护比例次之，在拉萨保护片区核心区、缓冲区中的保护比例最小。因此，从自然保护区功能区划与生境适宜性的空间匹配看，羊湖片区对其区内黑颈鹤生境的保护相对较好，日喀则片区次之，两者均超过雅鲁藏布江中游河谷黑颈鹤自然保护区的平均水平；拉萨片区对其区内黑颈鹤生境的保护相对较差，且低于雅鲁藏布江中游河谷黑颈鹤自然保护区的平均水平。从黑颈鹤生境的保护效率看，拉萨片区、日喀则片区、羊湖片区核心区对黑颈鹤生境适宜区的保护效率最高，分别为 30.03%、44.68%、2.06%；其次是缓冲区，拉萨片区、日喀则片区、羊湖片区缓冲区对黑颈鹤生境适宜区的保护效率分别为 5.87%、11.55%、0.90%；实验区对黑颈鹤生境适宜区的保护效率最低，分别为 5.38%、7.20%、0.08%（图 5-26～图 5-28）。

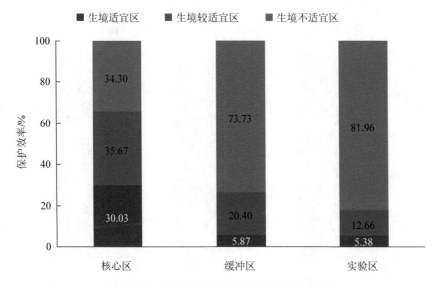

图 5-26　拉萨片区对黑颈鹤生境的保护效率

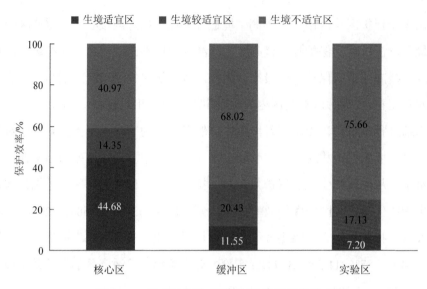

图 5-27 日喀则片区对黑颈鹤生境的保护效率

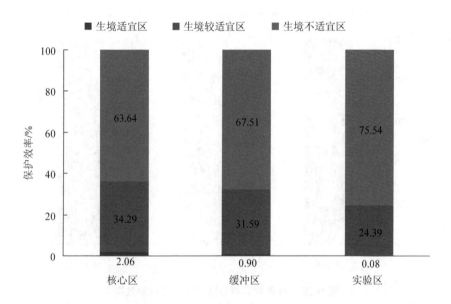

图 5-28 羊湖片区对黑颈鹤生境的保护效率

　　不同片区对黑颈鹤生境适宜区的保护效率表明，日喀则片区核心区、缓冲区、实验区对黑颈鹤生境适宜区的保护效率均高于其他 2 个片区核心区、缓冲区、实验区对黑颈鹤生境适宜区的保护效率，羊湖片区核心区、缓冲区、实验区对黑颈鹤生境适宜区的保护效率均低于其他 2 个片区核心区、缓冲区、实验区对黑颈鹤生境适宜区的保护效率。在雅鲁藏布江中游河谷黑颈鹤自然保护区 3 个保护片区，日喀则片区各功能分区对黑颈鹤生境适宜区的保护效率相对较高，其次是拉萨片区，羊湖片区各功能分区对黑颈鹤生境适宜区的保护效率相对较低。

　　（2）黑颈鹤生境较适宜区

　　从黑颈鹤生境的保护比例看，雅鲁藏布江中游河谷黑颈鹤自然保护区黑颈鹤生境较适宜区在拉萨片区、日喀则片区、羊湖片区核心区的保护比例分别为 28.05%、13.17% 和 31.31%；黑颈鹤生境较适宜区在拉萨片区、日喀则片区、羊湖片区缓冲区的保护比例分别为 29.96%、26.19% 和 41.54%；黑颈鹤生境较适宜区在拉萨片区、日喀则片区、羊湖片区的实验区和边界缓冲地带的保护比例分别为 41.99%、60.64% 和 27.15%（图 5-29）。在 3 个保护片区中，黑颈鹤生境较适宜区在羊湖片区核心区和缓冲区的保护比例最大，合计 72.85%；其次是拉萨片区，黑颈鹤生境较适宜区在拉萨片区核心区和实验区的保护比例合计 58.01%；黑颈鹤生境较适宜区在日喀则片区核心区和缓冲区的保护比例相对最小，合计 39.36%。从黑颈鹤生境较适宜区在自然保护区各功能分区的保护比例看，黑颈鹤生境较适宜区在各功能分区的分布较为分散；从自然保护区功能区划与生境适宜性的空间匹配看，羊湖片区对其区内黑颈鹤生境的保护相对较好，拉萨片区次之，日喀则片区对其区内黑颈鹤生境的保护相对较弱且低于保护区平均水平。

　　从黑颈鹤生境的保护效率看，拉萨片区、日喀则片区、羊湖片区核心区对黑颈鹤生境较适宜区的保护效率分别为 35.67%、14.35%、34.29%，拉萨片区、日喀则片区、羊湖片区缓冲区对黑颈鹤生境较适宜区的保护效率分别为 20.40%、20.43%、31.59%，拉萨片区、日喀则片区、羊湖片区实验区对黑颈鹤生境较适宜区的保护效率分别为 12.66%、17.13%、24.39%（图 5-26～图 5-28）。在自然保护

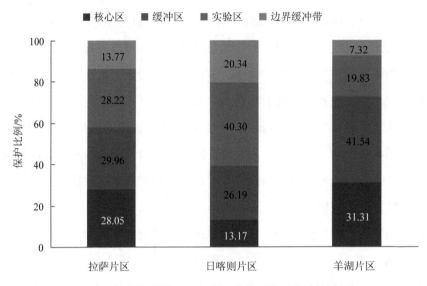

图 5-29　各保护片区黑颈鹤生境较适宜区的保护比例

区的各功能分区中，拉萨片区、羊湖片区核心区对黑颈鹤生境较适宜区的保护效率最高，其次是缓冲区，实验区对黑颈鹤较适宜区的保护效率最低，而且核心区对黑颈鹤较适宜区的保护效率高于对黑颈鹤适宜区的保护效率；但是在日喀则片区，缓冲区对黑颈鹤生境较适宜区的保护效率最高，其次是实验区，核心区对黑颈鹤生境较适宜区的保护效率最低。在 3 个保护片区中，拉萨片区核心区对黑颈鹤生境较适宜区的保护效率高于其他 2 个片区核心区对黑颈鹤生境较适宜区的保护效率；羊湖片区缓冲区对黑颈鹤生境较适宜区的保护效率高于其他 2 个片区缓冲区对黑颈鹤生境较适宜区的保护效率，羊湖片区实验区对黑颈鹤生境较适宜区的保护效率高于其他 2 个片区实验区对黑颈鹤生境较适宜区的保护效率，羊湖片区核心区对黑颈鹤生境较适宜区的保护效率仅次于拉萨片区对黑颈鹤生境较适宜区的保护效率。从各片区功能分区对黑颈鹤生境较适宜区的保护效率看，羊湖片区对黑颈鹤生境较适宜区的保护最好，其次是拉萨片区，日喀则片区对黑颈鹤生境较适宜区的保护相对较差。

5.2.6　结论与建议

（1）1991—2005 年，雅鲁藏布江中游河谷黑颈鹤自然保护区气候总体呈暖干化趋势。其中，1991—2005 年雅鲁藏布江中游河谷黑颈鹤自然保护区年均温总体均呈上升趋势，春季、夏季、秋季平均气温变化趋势较为一致，冬季平均气温变化的波动性较为明显，夏季、冬季平均气温的升高趋势相对显著。雅鲁藏布江中游河谷黑颈鹤自然保护区降水集中于夏季和秋季，夏、秋两季的降水量占全年降水量的 77% 以上。1991—2005 年，该区年降水量及春季、夏季、秋季、冬季降水量的年际变化具有明显的波动性，总体呈下降趋势，特别是降水量所占比例较大，与植被生长密切相关的夏、秋季降水量普遍下降；保护区拉萨片区的降水量相对较大，日喀则片区次之，羊湖片区的降水量相对较小。

（2）雅鲁藏布江中游河谷黑颈鹤自然保护区黑颈鹤生境适宜区以河滩、翻耕地和草地等为主，较适宜区以草地、翻耕地和河滩等为主，不适宜区以草地、林地、水面等为主。与黑颈鹤保护更为密切相关的黑颈鹤生境适宜区和生境较适宜区主要分布在日喀则片区，其次是羊湖片区，拉萨片区黑颈鹤生境适宜区和生境较适宜区面积相对较小。受气候暖干化影响，黑颈鹤偏好的河滩、湿沼等在生境适宜区和生境较适宜区的分布均不断减少。

（3）在自然保护区功能分区中，黑颈鹤生境适宜区在雅鲁藏布江中游河谷黑颈鹤自然保护区及其 3 个保护片区核心区的保护比例最高，黑颈鹤生境适宜区在保护区、拉萨片区、日喀则片区、羊湖片区的核心区和缓冲区的保护比例分别为 69.39%、63.81%、70.53%、96.79%，即绝大部分黑颈鹤生境适宜区分布于自然保护区核心区和缓冲区。黑颈鹤较适宜区在各功能分区的分布较为分散。与其他功能分区相比，保护区及拉萨片区、羊湖片区的缓冲区对黑颈鹤生境较适宜区的保护比例最高，日喀则片区的实验区对黑颈鹤生境较适宜区的保护比例最高，超过一半的黑颈鹤生境较适宜区分布于自然保护区的核心区和缓冲区。因此，大部分黑颈鹤生境适宜区、生境较适宜区分布于严格保护的雅鲁藏布江中游河谷黑颈鹤自然保护区的核心区和缓冲区，有利于黑颈鹤及其生境保护。

（4）在自然保护区功能分区中，雅鲁藏布江中游河谷黑颈鹤自然保护区及其3个片区核心区对黑颈鹤生境适宜区的保护效率最高；保护区及拉萨片区、羊湖片区的核心区对黑颈鹤生境较适宜区的保护效率最高，日喀则片区缓冲区对黑颈鹤生境较适宜区的保护效率最高。除羊湖片区外，保护区及拉萨片区、日喀则片区的核心区对黑颈鹤生境适宜区和生境较适宜区的保护效率均超过50%，即雅鲁藏布江中游河谷黑颈鹤自然保护区及拉萨片区、日喀则片区的核心区以黑颈鹤生境适宜区和生境较适宜区为主要组成。作为自然保护区中保护要求最严格的功能分区，雅鲁藏布江中游河谷黑颈鹤自然保护区的核心区以黑颈鹤生境适宜区和生境较适宜区为主要组成，有利于保证自然保护区对主要保护对象——黑颈鹤及其生境的保护效能。

（5）在雅鲁藏布江中游河谷黑颈鹤自然保护区及其保护边界的 1 000 m 缓冲区域内，绝大部分黑颈鹤生境适宜区、生境较适宜区分布在雅鲁藏布江中游河谷黑颈鹤自然保护区的核心区和缓冲区，但是仍有部分黑颈鹤生境适宜区和较适宜区位于保护区的实验区与边界缓冲带，其中分布在保护区边界缓冲带的黑颈鹤生境适宜区和生境较适宜区面积分别为 6 096 hm^2 和 21 461 hm^2，分布在保护区实验区的黑颈鹤生境适宜区和较适宜区面积分别为 14 412 hm^2 和 46 106 hm^2。总体上，在雅鲁藏布江中游河谷黑颈鹤自然保护区实验区，特别是边界缓冲带分布的黑颈鹤生境适宜区和生境较适宜区，由于缺乏自然保护区的严格保护，暴露于人类活动的直接干扰，使得黑颈鹤及其生境等主要保护对象面临风险。

（6）在雅鲁藏布江中游河谷黑颈鹤自然保护区及其3个片区的核心区和缓冲区中，仍有黑颈鹤生境不适宜区分布。其中，保护区及其3个片区核心区对黑颈鹤生境不适宜区的保护效率超过1/3（羊湖片区高达63.64%），缓冲区对黑颈鹤生境不适宜区的保护效率超过60%（拉萨片区高达73.73%）。在当前自然保护区功能区划下，雅鲁藏布江中游河谷黑颈鹤自然保护区核心区和缓冲区对黑颈鹤生境不适宜区的保护，削弱了保护要求严格的自然保护区核心区和缓冲区对黑颈鹤及其生境的保护效能。

（7）在雅鲁藏布江中游河谷黑颈鹤自然保护区及其保护边界的 1 000 m 缓冲区域内，雅鲁藏布江中游河谷黑颈鹤自然保护区核心区面积（138 438 hm^2）大于黑颈鹤生境适宜区面积（66 985 hm^2），缓冲区面积（209 612 hm^2）大于黑颈鹤生境较适宜区面积（156 493 hm^2）。因此，雅鲁藏布江中游河谷黑颈鹤自然保护区中保护要求较严格的核心区、缓冲区从面积上可以满足黑颈鹤生境适宜区和生境较适宜区的保护需求。

（8）雅鲁藏布江中游河谷黑颈鹤自然保护区气候变化风险主要表现为：部分黑颈鹤生境适宜区和生境较适宜区偏离自然保护区的严格保护，易受人类活动的直接干扰，导致黑颈鹤生境萎缩、退化，对黑颈鹤等保护对象的支撑能力下降；气候暖干化导致自然保护区黑颈鹤生境退化，在自然保护区核心区、缓冲区内出现大面积的黑颈鹤生境不适宜区，削弱了自然保护区对黑颈鹤及其生境等保护对象的保护功能。究其原因，气候变化及其对环境条件的改变引起的河滩地、湿沼、农田等黑颈鹤生境分布变化，加之当前以相对固定的空间布局、保护边界、功能分区为主要特征的自然保护区管理，使得雅鲁藏布江中游河谷黑颈鹤自然保护区功能区划与黑颈鹤生境在空间配置上出现偏差，造成对自然保护区黑颈鹤及其生境等保护对象、保护功能的风险。

综上所述，当前雅鲁藏布江中游河谷黑颈鹤自然保护区功能区划与黑颈鹤生境在空间配置、面积匹配上仍然存在不足。一是在雅鲁藏布江中游河谷黑颈鹤自然保护区，特别是拉萨片区、日喀则片区的实验区和边界缓冲地带仍有大面积且连续分布的黑颈鹤生境适宜区和生境较适宜区，因缺乏自然保护区的保护，暴露于外界干扰之下，使得自然保护区保护对象面临风险；二是在保护要求严格的雅鲁藏布江中游河谷黑颈鹤自然保护区核心区和缓冲区内，仍有较大比例的黑颈鹤生境不适宜区分布，使得自然保护区保护功能面临风险。此外，雅鲁藏布江中游河谷黑颈鹤自然保护区核心区、缓冲区面积满足黑颈鹤生境适宜区、生境较适宜区的保护需求。因此，亟须对雅鲁藏布江中游河谷黑颈鹤自然保护区功能区划进行优化调整，而且可以在保持各功能分区面积不变的前提下通过优化各功能分区布局及边界实现对黑颈鹤生境适宜区和生境较适宜区的保护，以保持和增强雅鲁藏布江中游河谷黑颈鹤自然保护区对黑颈鹤及其生境的保护能力。

5.3　达里诺尔国家级自然保护区气候变化风险研究

5.3.1　研究区域

达里诺尔国家级自然保护区（以下简称达里诺尔自然保护区）位于内蒙古自治区赤峰市克什克腾旗西部（43°11′～43°27′N，116°22′～117°00′E），总面积119 413.55 hm²。1985 年达里诺尔地区作为拟建自然保护区列入《内蒙古草地类自然保护区规划》，1996 年达里诺尔自然保护区通过国家级自然保护区评审委员会评审晋升为国家级自然保护区，达里诺尔自然保护区是以保护珍稀鸟类及其赖以生存的湖泊、湿地、草原、林地等多样的生态系统为主的综合性自然保护区。保护区多样的生态系统既为我国候鸟南北迁徙提供了重要通道，也为鸟类的栖息繁殖提供了理想场所（杨凤波等，2009）。遍布保护区全境的达里诺尔湖群、河流及其周边沼泽地组成的湿地生态系统尤为突出和具有代表性，是内蒙古高原东部干旱半干旱草原地区的重要湿地资源，在候鸟繁殖、迁徙等方面具有重要意义（陈宏宇等，2007）。

达里诺尔自然保护区地处干旱半干旱草原地区，气候条件恶劣，具有昼夜温差大、气候干燥、日照时间长、太阳辐射强、风沙大等高原寒暑剧变的气候特点。达里诺尔自然保护区周边的锡林郭勒、林西和多伦 3 个气象站点的逐日观测数据表明，1957—2010 年保护区所在区域气温显著升高、降水量总体下降，保护区气候条件进一步恶化，干旱发生的概率呈上升趋势，对保护区鸟类赖以生存的湿地、林地等生境构成强烈威胁。对保护区最大湖泊——达里诺尔湖的湖面演化分析表明，1999—2010 年达里诺尔湖湖泊重心西移、湖泊面积递减，湖面减幅达 11.7%，特别是 2003 年后湖面减速增快；气温升高、蒸发量上升和降水量减少是造成湖泊面积萎缩的主要原因（甄志磊等，2013；张郝哲等，2012）。

综上，气候变化已经或正在对达里诺尔自然保护区鸟类生境，尤其是湖泊生境产生显著影响，削弱了保护区生境对鸟类的承载能力，使得自然保护区面临物种灭绝、生物多样性减少、保护功能丧失等风险。因此，亟须开展达里诺尔自然保护区气候变化风险研究，为气候变化背景下达里诺尔自然保护区保护边界、功能区划调整等相关决策，以及保持并增强达里诺尔自然保护区对生物多样性的保护能力提供科学依据。

5.3.2 研究方法

5.3.2.1 评估方法

（1）气候变化风险评估模型

根据自然保护区气候变化风险含义、达里诺尔自然保护区自身特点及相关风险评价案例（孙洪波等，2010；孙小明等，2009；刘夏等，2015），以保护区鸟类及其赖以生存的水体、草地、林地和沼泽地等生境为研究对象，综合考虑气候变化风险的风险源强以及风险受体对气候变化的敏感性和风险效应，建立自然保护区气候变化风险评估模型，计算公式如下：

$$\text{CCR}_{it} = \frac{\text{RS}_t}{\text{RS}_0} \div \frac{\text{SS}_{it}}{\text{SS}_{i0}} \times \text{RC}_i \times \text{RE}_i \qquad (5\text{-}11)$$

$$\text{CCR}_t = \sum_{i=1}^{4} \text{CCR}_{it} \qquad (5\text{-}12)$$

式中，CCR_{it} 和 CCR_t 分别为第 t 年生境 i 和自然保护区的气候变化风险值；RS_0 和 RS_t 分别为基准年、第 t 年自然保护区气候变化风险的风险源强；SS_{i0} 和 SS_{it} 分别为基准年、第 t 年生境 i 的面积，km^2；RC_i 为生境 i 对气候变化的敏感性；RE_i 为气候变化情景下生境 i 的风险效应；i 为 1、2、3、4，分别表示水体生境、草地生境、林地生境和沼泽地生境。

❖ 风险源强指风险受体所承受气候变化风险压力的大小（孙洪波等，2010）。气候变化风险源主要包括平均气候状况和极端气候变化两个方面（张月鸿等，2008）。近年来，达里诺尔自然保护区气候变化主要表现为气温显著升高、降水量总体下降，气候暖干化趋势明显。选择干燥度指数作为自然保护区气候变化风险源强的衡量指标。

❖ 敏感性反映气候变化影响下风险受体潜在可能发生风险的大小（孙洪波等，2010）。1998 年联合国粮农组织在公布修订后的 Peman-Monteith 公式（用于计算潜在蒸散量）时，发布了典型作物的参考作物系数（K_c）。研究表明，K_c 可以在综合考虑作物特性和平均土壤蒸发状况的基础上反映地表植被的覆盖度（孙小明等，2009）。K_c 越大，蒸腾作用越强，植被覆盖度越高；同时，植被的覆盖度越高，对气候变化干扰的抵抗力越强。因此，采用生境 K_c 的倒数衡量各类生境对气候变化的敏感性，即气候变化风险压力下各类生境发生可能风险的大小和差异。

❖ 风险效应反映自然保护区保护对象对风险源强的响应水平。根据达里诺尔自然保护区鸟类在各类生境的分布情况，选择单位面积生境的鸟类种数作为风险效应指标，反映保护区各类生境及其所承载的鸟类对气候变化风险源强的响应程度。

（2）气候变化风险分级标准

假设 1996 年创建国家级自然保护区时达里诺尔自然保护区生态环境状况是满足其保护对象的保护需求的，而且 1996 年达里诺尔自然保护区气候变化风险压力也是最接近 1985—2010 年该区气候变化风险压力平均水平的，选择 1996 年作为达里诺尔自然保护区气候变化风险评估的基准年。生产力是当前气候变化对生态系统及其组分影响和风险研究的主要指标，如刘夏等（2015）在气候变化情景下湿地净初级生产力风险评价中，依据世界气象组织定义，以及我国科学家验证结果，选择相当于净初级生产力（NPP）平均值 10%的损失作为"不可接受的影响"的参考。考虑到气候变化影响下 NPP 损失越多，气候变化风险越强，选择基准年达里诺尔自然保护区气候变化风险值 10%的增加作为"不可接受的影响"的参考，结合 1985—2010 年保护区气候变化风险值的最大值，确定了达里诺尔自然保护区气候变化风险分级标准（表 5-7）。

表 5-7　达里诺尔自然保护区气候变化风险分级标准

风险等级	分级标准
无风险	$CCR_{it} \leqslant CCR_{i0} \times (1+10\%)$
低风险	$CCR_{i0} \times (1+10\%) < CCR_{it} \leqslant \dfrac{CCR_{i0} \times (1+10\%) + \max (CCR_{it})}{2}$
中风险	$\dfrac{CCR_{i0} \times (1+10\%) + \max (CCR_{it})}{2} < CCR_{it} \leqslant \max (CCR_{it})$
高风险	$\max (CCR_{it}) < CCR_{it}$

注：CCR_{i0} 为基准年达里诺尔自然保护区生境 i 气候变化风险值；$\max (CCR_{it})$ 为 1985—2010 年达里诺尔自然保护区生境 i 气候变化风险值的最大值。

（3）情景分析

首先，在 1957 年以来达里诺尔自然保护区气候变化趋势分析的基础上，结合气候变化及其对生境影响的相关预测结果（张微等，2016），设计达里诺尔自然保护区未来气候变化的情景方案（情景 A、情景 B 和情景 C）（表 5-8）；其次，根据自然保护区各类生境变化对气候变化的响应关系，预测不同情景下达里诺尔自然保护区各类生境的未来变化趋势；最后，利用自然保护区气候变化风险评估模型，对未来气候变化情景下达里诺尔自然保护区及其生境可能面临的气候变化风险进行预测和分析。

表 5-8　达里诺尔自然保护区气候变化情景设计方案

情景	年均气温/℃		年均降水量/mm	
	2020 年	2030 年	2020 年	2030 年
情景 A	4.202 7	5.302 7	307.792 8	304.861 4
情景 B	4.202 7	5.402 7	307.792 8	304.861 4
情景 C	4.402 7	5.402 7	307.792 8	313.655 5

5.3.2.2　数据来源

本研究的数据源主要包括：①中国气象数据网（http：//data.cma.cn）发布的 1957—2010 年锡林郭勒、林西和多伦等气象站点的逐日观测数据；②1985—2010 年达里诺尔自然保护区土地利用/覆被、归一化植被指数（NDVI）等遥感数据；③达里诺尔国家级自然保护区总体规划（2001—2010 年）；④达里诺尔自然保护区综合考察资料汇编、鸟类资源调查资料等。

5.3.2.3　数据处理

以中国科学院计算机网络信息中心（http：//www.gscloud.cn/）提供的 1985 年、1990 年、1995 年、2000 年、2005 年、2010 年 LandsatTM 影像为主要数据源，依据中国遥感解译分类标准和达里诺尔自然保护区土地利用/覆被现状，运用 ArcGIS9.3 软件进行遥感解译，获取达里诺尔自然保护区土地利用/覆被数据；结合各土地利用/覆被类型动态度和灰色关联分析法，分析 1985—2010 年达里诺尔自然保护区水体、草地、林地、沼泽地等生境变化及其对气温、降水等气候要素变化的响应关系。

5.3.3　达里诺尔自然保护区气候变化风险现状

5.3.3.1　时间变化

1997—2010 年，达里诺尔自然保护区气候变化风险呈明显的波动性变化趋势（图 5-30）。其中，1999 年达里诺尔自然保护区气候变化风险指数最大，气候变化风险达到高风险等级；其次是 2005 年，保护区气候变化风险属中风险等级；2001

年和 2008 年达里诺尔自然保护区气候变化风险相对较轻，气候变化风险属低风险等级；其他年份达里诺尔自然保护区气候变化风险指数相对较低，均属无风险等级。

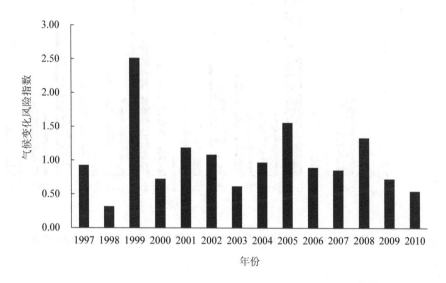

图 5-30　1997—2010 年达里诺尔自然保护区气候变化风险指数

1997—2010 年，达里诺尔自然保护区各类生境的气候变化风险也呈明显的波动性变化趋势（图 5-31）。其中，1999 年达里诺尔自然保护区水体、草地、林地、沼泽地 4 类生境的气候变化风险指数均最大，各类生境气候变化风险均达到高风险等级；其次是 2005 年，各类生境的气候变化风险指数仅次于其 1999 年的水平，水体、草地、林地 3 类生境气候变化风险均属低风险等级，沼泽地生境气候变化风险属中风险等级；2001 年、2008 年保护区 4 类生境气候变化风险均属低风险等级，此外，2002 年和 2004 年沼泽地生境气候变化风险也属低风险等级。其余年份保护区各类生境气候变化风险指数相对较低，处于无风险状态。

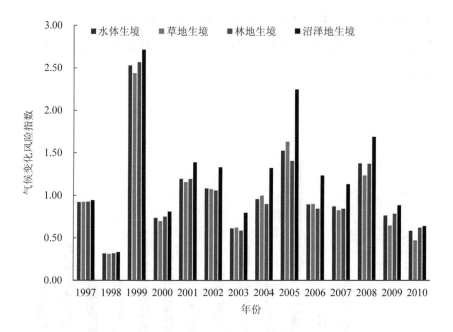

图 5-31　1997—2010 年达里诺尔自然保护区各类生境的气候变化风险指数

5.3.3.2　类型差异

达里诺尔自然保护区各类生境的气候变化风险存在显著差异。其中，保护区沼泽地气候变化风险相对较为突出。1997—2010 年保护区沼泽地气候变化风险指数均高于其他生境的气候变化风险指数，1999 年沼泽地气候变化风险属高风险等级，2005 年属中风险等级，2001 年、2002 年、2004 年和 2008 年均属低风险等级。

就保护区水体、林地、草地生境而言，1997—2010 年 3 类生境的气候变化风险等级分布基本一致。1999 年保护区 3 类生境的气候变化风险均属高风险等级，2001 年、2005 年和 2008 年 3 类生境的气候变化风险均属低风险等级，其他年份 3 类生境的气候变化风险均属无风险等级。但是 1997—2010 年达里诺尔自然保护区水体、草地和林地生境的气候变化风险指数存在差异。其中，1997—2000 年、2009—2010 年林地生境的气候变化风险指数相对较大，2001—2002 年、2007—2008 年水体生境的气候变化风险指数相对较大，2003—2006 年草地生境的气候变化风险指数相对较大。

5.3.4 达里诺尔自然保护区未来气候变化风险

与 2010 年相比，2020 年、2030 年达里诺尔自然保护区及其各类生境面临的气候变化风险均有所增强（图 5-32、图 5-33）。从气候变化风险等级看，2020 年，情景 A、情景 B、情景 C 下达里诺尔自然保护区及其 4 类生境的气候变化风险均属低风险等级；2030 年，情景 A、情景 B、情景 C 下保护区及其水体、草地、林地生境的气候变化风险仍然都属于低风险等级，情景 A、情景 C 下沼泽地生境的气候变化风险也属低风险等级，但是情景 B 下沼泽地生境的气候变化风险升至中风险等级。从气候变化风险指数看，2030 年，情景 A、情景 B、情景 C 下保护区及其 4 类生境的气候变化风险指数均高于其 2020 年水平，保护区及其 4 类生境面临的气候变化风险加剧，情景 B 下沼泽地的气候变化风险等级更是由 2020 年的低风险等级升至 2030 年的中风险等级。

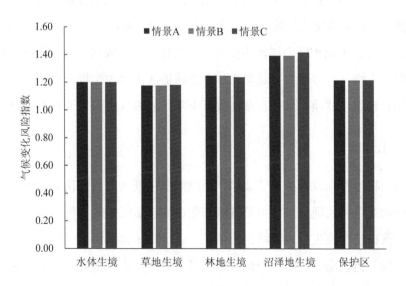

图 5-32 2020 年达里诺尔自然保护区及其各类生境的气候变化风险指数

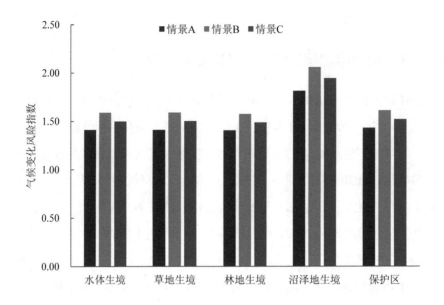

图 5-33　2030 年达里诺尔自然保护区及其各类生境的气候变化风险指数

　　达里诺尔自然保护区各类生境未来面临的气候变化风险存在显著差异。达里诺尔自然保护区 4 类生境气候变化风险指数的比较表明，2020 年、2030 年情景 A、情景 B、情景 C 下保护区沼泽地生境的气候变化风险指数均最大，其次是林地、水体和草地生境。总体而言，达里诺尔自然保护区沼泽地生境未来面临的气候变化风险相对较强，林地、水体和草地生境未来面临的气候变化风险相对较弱。

5.3.5　讨论

　　作为物种生存和发育的重要载体，生境的变化既是气候变化对达里诺尔自然保护区影响的主要表现形式，也是气候变化造成自然保护区物种灭绝、生物多样性灭失、保护功能丧失等风险的主要途径。达里诺尔自然保护区生境变化与气候变化的关联分析表明，降水量变化对达里诺尔自然保护区水体生境变化的影响较强，草地、林地、沼泽地生境变化主要受气温变化的影响。在以暖干化为主要特征的气候变化影响下，1997—2010 年达里诺尔自然保护区鸟类赖以生存的水体、草地、林地和沼泽地生境总面积总体呈下降趋势，沼泽地、林地和水体生境分别下降 17.3%、14.7%和 9.5%，导致自然保护区对鸟类的承载能力和保护功能下降。考虑到生境丧失是当前物种灭绝、生物多样性丧失的最主要原因之一（刘会玉等，2007；马克平等，1998），气候变化影响下自然保护区生境变化是自然保护区气候变化风险的重要组成。

达里诺尔自然保护区各类生境的气候变化风险存在显著差异。究其原因，一方面，各类生境对气候变化的敏感性各不相同，使得气候变化影响下各类生境减少甚至消失的概率存在差异；另一方面，各类生境对物种活动的适宜性各不相同，如达里诺尔自然保护区鸟类在各类生境的分布差异显著，使得气候变化导致的生境减少、消失所造成的生物多样性保护功能损失及其对物种保护的威胁存在差异。具体而言，沼泽地生境是达里诺尔自然保护区鸟类分布的主要生境，且易受以暖干化为主要特征的气候变化影响，沼泽地生境的气候变化风险相对较高；草地生境对气候变化相对较为敏感，但是水体和林地生境的鸟类分布相对较为丰富，草地、水体和林地生境面临的气候变化风险大致相当。

5.3.6　结论

1997—2010 年，达里诺尔自然保护区及其水体、草地、林地、沼泽地生境面临的气候变化风险均呈明显的波动性变化趋势，1999 年、2001 年、2005 年、2008 年保护区及其 4 类生境都处于风险状态，2002 年、2004 年沼泽地生境处于低风险等级，其余年份保护区及其生境处于无风险状态。达里诺尔自然保护区各类生境的气候变化风险存在显著差异。其中，沼泽地生境的气候变化风险较为突出，与其对气候变化的敏感性和丰富的鸟类分布密切相关；保护区水体、草地和林地生境的气候变化风险大致相当，1997—2010 年 3 类生境的气候变化风险等级分布基本一致。与 2010 年相比，情景 A、情景 B、情景 C 下 2020 年、2030 年达里诺尔自然保护区及其各类生境气候变化风险均有所增强。其中，沼泽地生境的未来气候变化风险相对较强，林地和水体生境次之，草地生境的未来气候变化风险相对较弱。

　　考虑到气候变化对自然保护区影响与风险的复杂性，下一步研究重点主要包括：①针对地下水补给在达里诺尔自然保护区水体生境维护中的重要地位，研究气候变化、林地变化等对地下水补给、水体生境的影响，阐明气候变化、地下水补给和保护区水体生境变化的作用关系；②研究达里诺尔自然保护区鸟类资源种类、数量的年际变化及其与气候变化的相互关系，揭示保护区珍稀鸟类对气候变化的响应机制；③研究与预测气候变化影响下自然保护区生境的空间格局及其演变趋势，分析气候变化影响下自然保护区生境与其功能区划的空间协调性及对应的保护空缺，深入开展气候变化对自然保护区保护功能的风险评估；④研究制定自然保护区气候变化风险防范对策。

参考文献

[1]　Amalin，Divina，Santos，et al. Risk assessment of the economic impacts of climate change on the implementation of mandatory biodiesel blending programs：A fuzzy inoperability input-output modeling（IIM） approach [J]. Biomass & Bioenergy，2015，83：436-447.

[2]　Asaeda T，Hung L Q. Internal heterogeneity of ramet and flower densities of Typha angustifolia near the boundary of the stand [J]. Wetlands Ecology and Management，2007，15：155-164.

[3]　IPCC. Climate change 2007：the physical science basis [M]. Cambridge：Cambridge University Press，2007.

[4]　IPCC. Climate change 2013：the physical science basis[M]. Cambridge：Cambridge University Press，2013.

[5]　IPCC. Climate change 2014：synthesis report. contribution of working groups Ⅰ，Ⅱ and Ⅲ to the fifth assessment report of the intergovernmental panel on climate change[R]. Geneva，Switzerland：IPCC，2014：151.

[6]　Mantyka-Pringle C S，Visconti P，Marco M D，et al. Climate change modifies risk of global biodiversity loss due to land-cover change [J]. Biological Conservation，2015，187：103-111.

[7]　Root T L，Price J T，Hall K R，et al. Fingerprints of global warming on wild animals and plants [J]. Nature，2003，421：57-60.

[8]　Zuckerberg B，Woods A M，Porter W F. Poleward shifts in breeding bird distributions in New York State [J]. Global Change Biology，2009，15：1866-1883.

[9]　陈宏宇，杨贵生，邢莲莲，等. 达里诺尔自然保护区鸟类区系组成及生态分布[J]. 内蒙古大学学报（自然科学版），2007，38（1）：68-74.

[10]　赤曲，周顺武，多典洛珠，等.1961—2017 年雅鲁藏布江河谷地区夏季气候暖干化趋势[J]. 气候与环境研究，2020，25（3）：281-291.

[11]　党学亚，常亮，卢娜. 青藏高原暖湿化对柴达木水资源与环境的影响[J]. 中国地质，2019，46（2）：359-368.

[12]　董思言，高学杰. 长期气候变化——IPCC 第五次评估报告解读[J]. 气候变化研究进展，2014，10（1）：56-59.

[13]　韩翠华，郝志新，郑景云.1951—2010 年中国气温变化分区及其区域特征[J]. 地理科学进展，2013，32（6）：887-896.

[14]　韩芳，刘朋涛，牛建明，等.50 年来内蒙古荒漠草原气候干燥度的空间分布及其演变特征[J]. 干旱区研究，2013，30（3）：449-456.

[15]　胡凡盛，杨太保，冀琴，等. 近 40 年阿尔金山冰川与气候变化关系研究[J]. 干旱区地理，2017，40（3）：581-588.

[16]　李佳. 秦岭地区濒危物种对气候变化的响应及脆弱性评估[D]. 北京：中国林业科学研究院，2017.

[17]　李晓娜，贺红士，吴志伟，等. 大兴安岭北部森林景观对气候变化的响应[J]. 应用生态学报，2012，23（12）：3227-3235.

[18]　刘迪. 湿地变化遥感诊断[D]. 北京：中国科学院大学（中国科学院遥感与数字地球研究所），2017.

[19]　刘会玉，林振山. 物种多样性对栖息地毁坏时间异质性的响应[J]. 生态学杂志，2007，26（5）：765-770.

[20] 刘立冰，熊康宁，任晓冬. 基于遥感生态指数的龙溪—虹口国家级自然保护区生态环境状况评估[J]. 生态与农村环境学报，2020，36（2）：202-210.

[21] 刘夏，王毅勇，范雅秋. 气候变化情景下湿地净初级生产力风险评价——以三江平原富锦地区小叶章湿地为例[J]. 中国环境科学，2015，35（12）：3762-3770.

[22] 罗文泊，谢永宏，宋凤斌. 洪水条件下湿地植物的生存策略[J]. 生态学杂志，2007，26（9）：1478-1485.

[23] 马克平，钱迎倩. 生物多样性保护及其研究进展综述[J]. 应用与环境生物学报，1998，4（1）：3-5.

[24] 马梅，张圣微，魏宝成. 锡林郭勒草原近30年草地退化的变化特征及其驱动因素分析[J]. 中国草地学报，2017，39（4）：86-93.

[25] 马新萍. 秦岭林线及其对气候变化的响应[D]. 西安：西北大学，2015.

[26] 孟猛，倪健，张治国. 地理生态学的干燥度指数及其应用评述[J]. 植物生态学报，2004，28（2）：853-861.

[27] 秦大河，Thomas Stocker. IPCC第五次评估报告第一工作组报告的亮点结论[J]. 气候变化研究进展，2014，10（1）：1-6.

[28] 史培军，孙劭，汪明，等. 中国气候变化区划（1961—2010年）[J]. 中国科学：地球科学，2014，44（10）：2294-2306.

[29] 孙洪波，杨桂山，朱天明，等. 经济快速发展地区土地利用生态风险评价——以昆山市为例[J]. 资源科学，2010，32（3）：540-546.

[30] 孙小明，赵昕奕. 气候变化背景下我国北方农牧交错带生态风险评价[J]. 北京大学学报（自然科学版），2009，45（4）：713-720.

[31] 谭灵芝，王国友. 气候变化对社会经济影响的风险评估研究评述[J]. 西部论坛，2012，22（1）：74-80.

[32] 王艳姣，闫峰. 1960—2010年中国降水区域分异及年代际变化特征[J]. 地理科学进展，2014，33（10）：1354-1363.

[33] 王玉华，布仁图雅，孙静萍，等. 遗鸥国家级自然保护区近十五年来生态环境变化特征[J].

环境与发展，2017，29（1）：78-83，87.

[34] 沃晓棠. 基于气候变化的扎龙湿地土地利用及可持续发展评价研究[D]. 哈尔滨：东北农业大学，2010.

[35] 吴军，徐海根，陈炼. 气候变化对物种影响研究综述[J]. 生态与农村环境学报，2011，27（4）：1-6.

[36] 吴娴，王玉，庄亮. 基于高分辨率格点数据集的中国气温与降水时空分布及变化趋势分析[J]. 气象与减灾研究，2016，39（4）：241-251.

[37] 徐新创，张学珍，戴尔阜，等.1961—2010年中国降水强度变化趋势及其对降水量影响分析[J]. 地理研究，2014，33（7）：1335-1347.

[38] 杨凤波，宋丽军，武宏政，等. 达里诺尔自然保护区鸟类资源现状及变化分析[J]. 湿地科学与管理，2009，5（3）：34-37.

[39] 姚玉璧，王毅荣，李耀辉，等. 中国黄土高原气候暖干化及其对生态环境的影响[J]. 资源科学，2005，27（5）：146-152.

[40] 张郝哲，田明中，郭婧，等. 基于RS和GIS的内蒙古达里诺尔湖1999—2010年动态监测[J]. 干旱区资源与环境，2012，26（10）：41-46.

[41] 张强，张存杰，白虎志，等. 西北地区气候变化新动态及对干旱环境的影响——总体暖干化，局部出现暖湿迹象[J]. 干旱气象，2010，28（1）：1-7.

[42] 张微，姜哲，巩虎忠，等. 气候变化对东北濒危动物驼鹿潜在生境的影响[J]. 生态学报，2016，36（7）：1815-1823.

[43] 赵娜娜，王贺年，张贝贝，等. 若尔盖湿地流域径流变化及其对气候变化的响应[J]. 水资源保护，2019，35（5）：40-47.

[44] 赵珍伟，梁四海，万力，等. 黄河源区近60年气候变化特征及暖湿化分析[J]. 人民黄河，2014，36（11）：9-12.

[45] 甄志磊，张生，史小红，等. 基于遥感技术的达里诺尔湖湖面演化研究[J]. 中国农村水利水电，2013（7）：6-9.

[46] 郑周敏, 罗瑞敏, 程积民, 等. 宁夏云雾山典型草原休眠期气候变化对生产力的影响[J]. 中国农业气象, 2018, 39（10）: 656-663.

[47] 中国气象局气候变化中心. 中国气候变化蓝皮书（2019）[R]. 北京：中国气象局, 2019.

第 6 章

自然保护区气候变化风险管理

【内容提要】本章分析和总结了气候变化对我国自然保护区建设和管理的主要挑战，剖析了当前自然保护区建设和管理对气候变化的适应能力，辨识了自然保护区建设和管理在应对气候变化风险方面存在的不足。结合气候变化的主要生态影响和对自然保护区保护对象、保护功能等的风险，研究提出了加强自然保护区气候变化风险管理的对策建议。

6.1　自然保护区建设和管理对气候变化的适应能力分析

6.1.1　气候变化对自然保护区建设和管理的主要挑战

（1）气候变化对野生动植物物种、自然生态系统分布的影响，对自然保护区建设提出挑战。

气候是影响野生动植物物种、生态系统分布的主要因素。全球气候变化导致温度上升、降水时空变化加剧、大气 CO_2 浓度增加、极端气候事件频发等，对人类社会经济和自然生态系统构成强烈影响。其中，升温胁迫将改变野生动植物物种和自然生态系统地理分布；温度上升、降水时空格局变化、极端气候事件频发等将导致生境面积萎缩、适宜性降低、承载能力下降等生境退化，迫使野生动植物物种、自然生态系统等向更为适宜的生境迁移。

气候变化已经或正在改变野生动植物物种和自然生态系统分布，使得野生植物物种和自然生态系统向高纬度、高海拔地区迁移。在此背景下，自然保护区部分野生动植物物种、自然生态系统等保护对象将迁出自然保护区，使得自然保护区面临保护对象减少、保护功能削弱等风险。例如，国家一级保护动物大鸨的越冬地因气候变暖由江西鄱阳湖国家级自然保护区北迁至黄河流域，使得该保护区对越冬期大鸨的保护作用丧失。同时，野生动植物物种和自然生态系统因迁出自然保护区，将脱离自然保护区的严格保护，暴露于人类活动影响下，面临自然因素和人类活动的双重干扰，增加物种灭绝、生态退化的风险。加之现有自然保护区多是基于野生动植物物种、自然生态系统等现状分布而设计的，而且具有相对固定的空间布局、保护边界和功能分区，日益凸显的气候变化及其对野生动植物物种和自然生态系统分布的改变，将对自然保护区空间布局、网络体系、功能区划等自然保护区建设提出挑战。

（2）气候变化对物候期、种间关系的影响，对自然保护区管理提出挑战。

大量观测和研究表明，气候变化正在改变动植物物候，包括植物春季物候提前、秋季物候推迟、生长季呈延长趋势，动物产卵时间、迁徙时间、始鸣期、发育期提前和终鸣期推迟等。由于气候变化影响下动植物物候的变化速率在物种间、地区间和年际存在显著差异，气候变化对动植物物候的改变会造成生态紊乱。植物、传粉昆虫、鸟类等物候对气候变化响应程度的不同，会影响自然保护区相关动植物生长和繁衍，进而影响生态系统的食物链和食物网。

同时，气候变化对野生动植物物种、自然生态系统分布的影响及其引起的物种迁移，将改变自然保护区生态位、物种组成和群落结构，打乱现有物种间的关系，使得自然保护区生态系统结构、生物多样性等发生变化，也会影响生态系统的食物链和食物网。气候变化引起的物种迁移会提高自然保护区杂交概率，引起有害生物泛滥，增加病虫害暴发频率和强度，对自然保护区生物多样性保护、病虫害防治等产生不利影响。

由于对野生动植物物种分布、物候等的改变，气候变化会对自然保护区野生动植物物种丰富度、种间关系等产生影响，进而影响自然保护区生物多样性、生态系统结构、生态系统的食物链和食物网，对自然保护区生物多样性保护、病虫害防治等管理工作提出挑战。

（3）气候变化加剧物种灭绝，对自然保护区建设和管理提出挑战。

升温胁迫及气候变化导致的生境退化，一方面，在迫使野生动物物种、自然生态系统向高纬度、高海拔地区迁移的同时，也会使部分迁移能力较弱的物种面临出生率下降、种群数量减少和灭绝风险；另一方面，迁移能力较强的物种，随着向高纬度、高海拔地区迁移的过程中，也面临适宜生境减少、分布范围压缩等风险，若遭遇"气候槽"或其他地理屏障则会加剧其灭绝风险。对于自然保护区，气候变化会导致其保护对象赖以生存的生境萎缩、退化，使得野生动植物物种、自然生态系统等保护对象因气候变化胁迫迁移而数量减少，因生境退化而面临灭绝风险。这就要求自然保护区要加强气候变化影响监测、评估与预测，对于气候变化对保护对象生境的不利影响实施积极干预，保护和修复保护对象赖以生存的重要生境，保证和增强气候变化背景下自然保护区对保护对象及其生境的保护能力。

升温胁迫和气候变化对生境的影响，是野生动植物物种、自然生态系统分布改变的主要原因，也是加剧物种灭绝风险的主要原因，从而对生物多样性保护构成威胁。其中，野生动植物物种、自然生态系统分布改变和物种灭绝，也是气候变化对自然保护区保护对象、保护功能等造成风险的主要方面，对自然保护区的生物多样性保护功能提出了挑战。这就要求自然保护区要根据气候变化对野生动植物物种和自然生态系统分布的影响，优化空间布局，建立生态廊道，完善网络体系；同时，针对珍稀濒危物种对气候变化的脆弱性，加强珍稀濒危物种的培育、繁殖基地建设，提升自然保护区的生物多样性保护功能。

6.1.2　自然保护区建设和管理对气候变化的适应能力

自然保护区气候变化风险主要表现为气候变化对自然保护区的保护对象、保护功能等造成不利影响的可能损失，其形成原因主要包括气候变化、野生动植物物种和自然生态系统对气候变化的脆弱性、自然保护区建设和管理等方面。当前自然保护区建设和管理，为自然保护区适应气候变化、防范气候变化风险等工作提供了基础和保障，主要包括以下几方面。

（1）自然保护区管理制度和网络体系建设。

为加强自然保护区建设和管理，我国制定实施了《中华人民共和国自然保护区条例》《国家级自然保护区调整管理规定》等法规条例，数百个自然保护区制定了自然保护区管理办法。经过 60 多年的发展，我国已基本形成了布局较为合理、类型较为齐全、功能较为完备的自然保护区网络，保护了超过 90% 的陆地自然生态系统类型、89% 的国家重点保护野生动植物种类，并启动实施了"绿盾"自然保护区监督检查专项行动。

自然保护区网络体系和管理制度建设，减轻和规避了经济社会发展、居民生产生活等人类活动对保护对象的不利影响，避免了人类活动和气候变化的叠加影响，增强了野生动植物物种、生态系统等保护对象对外界干扰的抵抗能力，有助于降低气候变化的不利影响，防范气候变化风险。

（2）自然保护区保护管理和科研/监测能力建设。

按照自然保护区建设和管理的工作要求，自然保护区，特别是国家级自然保护区配备了管护人员，形成了保护管理能力和科研监测能力，为开展自然保护区气候变化、物种及其生境、生态系统、人类活动等观测提供了能力保障，有助于及时发现和预测气候变化对自然保护区保护对象及其生境的影响和风险，为自然保护区气候变化风险管理及决策提供支持。

（3）自然保护区科学考察。

开展自然保护区科学考察，编制自然保护区科学考察报告，是建立自然保护区的基础性工作。通过自然保护区科学考察，有助于摸清自然保护区及其所在区域野生动植物物种、自然生态系统的主要特征和对气候变化的脆弱性，为评估和预测气候变化对自然保护区保护对象、保护功能等的影响和风险提供了科学基础，为气候变化背景下自然保护区空间布局、保护边界、功能分区等优化调整工作提供了决策依据。

（4）自然保护区发展规划。

全国及各省（自治区、直辖市）自然保护区发展规划作为自然保护区建设和管理的宏观决策和顶层设计，为指导自然保护区建设和布局、填补野生动植物物种及其生境保护空缺，以及建立布局合理、功能完善的自然保护区网络体系等奠定了科学基础。考虑到气候变化影响的区域性和连续性特征，全国及各省（自治区、直辖市）自然保护区发展规划将气候变化对野生动植物物种、自然生态系统等的影响和风险预测纳入自然保护区建设和管理实践，从而强化自然保护区建设和管理对气候变化的适应能力。

从当前自然保护区建设和管理对气候变化的适应能力，以及气候变化对野生动植物物种、生态系统、生物多样性的影响和对自然保护区保护对象、保护功能的风险看，自然保护区气候变化风险管理仍然存在以下不足。

①重视不足。一方面，减缓和规避当地经济建设和居民生产生活等人类活动的不利影响仍然是当前自然保护区建设、管理的重点，工程建设、区内人口密集的建制乡镇（城市主城区）等依然是有关自然保护区范围、功能区调整的主要原因。另一方面，气候变化对自然生态系统、野生动植物物种及其生境等的影响，尽管已经列入生物多样性保护、应对气候变化（包括适应气候变化）等相关战略、规划和行动方案，但是自然保护区建设和管理本身尚未对气候变化的影响和风险给予重视。

②观测能力薄弱。对于气候变化对野生动植物物种、生态系统、生物多样性等影响的观测和预测，是自然保护区布局、建设、功能区划，以及自然保护区范围、功能区调整等工作的基础和依据。但是当前我国气候变化及其生态影响的相关监测站点数量仍然不足，由于缺乏系统完整的监测数据，难以全面识别气候变化引起哪些物种已经灭绝、哪些物种濒临灭绝、动植物物种分布范围已经或即将如何改变等，无法及时预测极端气候事件对野生动植物物种、生态系统、生物多样性的突发性影响，导致自然保护区管理与气候变化影响脱节，削弱了自然保护区的保护功能和对气候变化风险的应对能力。

③顶层设计欠缺。自然保护区作为国家生态安全格局、生物多样性保护网络、自然保护地体系的重要组成部分，在保护生物多样性、保障生态安全等方面居于重要地位。加之当前日益凸显的气候变化及其影响和风险，要求对野生动植物物种、自然生态系统分布及其变化趋势进行全面调查和科学预测，并对不同时期的自然保护区空间布局进行宏观决策和顶层设计，但是目前国家及各地自然保护区发展规划由于全面普查、长期观测和科学预测的不足，尚未纳入气候变化背景下野生动植物物种、自然生态系统等分布及其变化趋势的评估和预测。

6.2 自然保护区气候变化风险管理的对策建议

自然保护区作为自然生态系统、珍稀濒危野生动植物物种等的法定保护区域，是禁止开发区域、生态保护红线、自然保护地等生态功能重要地区的重要组成部分，在我国生物多样性保护、生态安全保障中居于极为重要的地位。随着生态文明制度体系的建立健全、"绿盾"自然保护区监督检查专项行动的深入推进和公众生态保护意识的提高，资源开发、工程建设等人类活动对自然保护区的不利影响逐渐得到遏制，日益凸显的气候变化及其影响将成为自然保护区建设和管理面临的主要挑战。同时，IPCC第五次评估报告建立了基于风险管理应对气候变化的基本理念框架，科学评估气候变化风险，开展有针对性的风险管理行动成为应对气候变化的有效途径。鉴于此，亟须加强自然保护区气候变化风险管理。

根据气候变化的主要生态影响和对自然保护区保护对象、保护功能等的风险，结合当前自然保护区建设和管理对气候变化的适应能力，研究提出加强自然保护区气候变化风险管理的对策建议。

（1）加强自然保护区气候变化风险管理意识。

一是提高自然保护区气候变化风险认识水平。从保护生物多样性和保障国家、区域生态安全的角度，深刻认识气候变化对自然保护区保护对象、保护功能等的风险，以及自然保护区气候变化风险对我国主体功能区、生态保护红线、自然保护地体系等生态环境保护战略实施成效的影响。

二是重视自然保护区气候变化风险管理工作。将自然保护区气候变化风险管理纳入自然保护建设和管理的规章制度，并作为自然保护区发展、生物多样性保护、应对气候变化等相关战略规划、实施方案的重点任务，鼓励自然保护区气候变化风险管理的能力建设、观测监测、科学研究等工作。

（2）加强自然保护区气候变化风险观测能力。

一是建设自然保护区气候变化风险观测站网体系。依托气象、生态环境、自然资源、农业、水利等部门监测网络台站，以珍稀濒危野生动植物物种集中分布区、栖息繁殖地、越冬地、迁徙通道等为重点，加强气候变化和生态环境观测台站建设，构建自然保护区气候变化风险观测站网体系。

二是建立自然保护区气候变化风险观测技术体系。根据气候变化对野生动植物物种、自然生态系统、生物多样性的影响和对自然保护区保护对象、保护功能的风险，研究制定自然保护区气候变化风险观测技术规范。按照自然保护区类型明确观测方法、观测内容和指标、观测时间和频次，以及数据处理、数据库建设和质量控制等要求。

三是加强自然保护区科学考察和观测。按照自然保护区气候变化风险管理需求，建立完善自然保护区科学考察和观测制度。将气候变化脆弱性纳入自然保护区科学考察，摸清自然保护区气候变化背景和趋势，以及自然生态系统、野生动植物物种及其生境等主要保护对象对气候变化的脆弱性。将气候变化影响和风险纳入自然保护区科学观测，定期开展气候变化对自然保护区保护对象的影响观测。通过科学考察和定期观测，建立自然保护区气候变化风险基础数据库，为自然保护区气候变化风险评估与管理提供数据支持。

（3）构建自然保护区气候变化风险评估预警体系。

一是开展自然保护区气候变化风险评估预警技术研究。综合利用历史数据、观测数据、实验模拟数据等资料，研究自然生态系统、野生动植物物种及其生境等自然保护区主要保护对象对气候变化的脆弱性和响应机制，以及自然保护区气候变化风险评估、预警的关键技术，构建自然保护区气候变化风险评估预警技术体系。

二是定期开展自然保护区气候变化风险评估预测。将自然保护区气候变化风险纳入自然保护区科学考察、生态环境五年调查评估、生态保护红线评价、自然保护区专项调查、国家重点生态功能区县域生态环境质量监测评价与考核等调查评估工作，定期开展自然保护区气候变化风险评估。结合气候变化情景模式，分区域、分类型预测气候变化对自然保护区保护对象、保护功能等的风险。

三是强化自然保护区气候变化风险预警。针对气候要素变化、极端气候事件对自然保护区保护对象、保护功能等的风险，建立自然保护区气候变化风险预警模式，制定自然保护区气候变化风险应对措施。对于气温、降水等平均气候状况变化引起的风险，评估和预测气候变化对野生动植物物种、自然生态系统等保护对象分布的影响，制定、实施适应气候变化的自然保护区发展规划，通过优化自然保护区空间布局、填补自然保护区保护空缺、调整自然保护区范围和功能区、建立生态廊道等，建立布局合理、功能完善的自然保护区网络体系，为防范气候变化风险、保障自然保护区保护功能等提供保障。对于干旱、洪涝等极端气候事件引起的风险，分区域、分类型制定自然保护区气候变化风险应急预案，减轻和避免极端气候事件对自然保护区保护对象、保护功能等的突发性影响与风险。

（4）建立适应气候变化的自然保护区网络体系。

一是完善自然保护区网络体系。在气候变化对野生动植物物种、自然生态系统、生物多样性等影响调查、评价和预测基础上，开展全球气候变化背景下自然保护区保护空缺分析，辨识近远期全球气候变化背景下自然保护区建设的重点地区。对于新建自然保护区，在区域位置选择、区域面积和区域边界确定、功能区划等方面要充分考虑全球气候变化的影响，如气候变化引发的野生动植物物种长距离迁移所需的迁移扩张空间，以免造成保护区空白或所保护物种在迁移中由于生境丧失而面临灭绝风险；在自然保护区周围划分和恢复一定面积的外围保护地带，加强对非保护区野生动植物物种、生态系统等的保护，提高其对气候变化的适应能力。

二是加强自然保护区调整管理。研究制定适应气候变化的自然保护区调整管理办法，进一步完善自然保护区范围调整、功能区调整管理制度，加强以野生动植物等主要保护对象生存环境发生改变为调整原因的自然保护区调整管理。针对自然保护区内批准建立之前存在且不具备保护价值的建制镇或城市主城区等人口密集区，特别是气候变化造成的自然保护区主要保护对象分布与其保护范围、功能区的空间偏离，制定自然保护区调整方案，自上而下统筹推进自然保护区范围调整、功能区调整。

第 7 章

主要结论与工作展望

7.1　主要结论

通过对自然保护区发展、建设和管理，气候变化的主要生态影响，自然保护区气候变化风险及典型案例，自然保护区气候变化风险管理等的分析和研究，得出以下结论：

（1）自然保护区是有代表性的自然生态系统、珍稀濒危野生动植物物种的天然集中分布区和法定保护区域，也是禁止开发区域、生态保护红线、自然保护地等生态功能重要地区的重要组成部分，在保护生物多样性、保障生态安全等方面居于重要地位。其中，减轻和规避当地经济建设和居民生产、生活等人类活动对保护对象的干扰是当前自然保护区建设和管理的重点。对照自然保护区的功能定位和自然保护区管理新要求，当前自然保护区建设和管理主要存在体制机制尚不健全、运行经费投入不足、能力建设滞后、保护与发展矛盾日益突出、网络体系仍须完善等不足。

（2）气候变化对野生动植物物种、生态系统、生物多样性等的影响日益凸显。大量观测和研究表明，气候变化已经或正在改变野生动植物物种、生态系统分布，导致野生动植物物种分布呈现出向高纬度、高海拔地区迁移的趋势；气候变化对生物物候的影响主要表现为动物产卵时间、迁徙时间、始鸣期、发育期提前和终鸣期推迟，以及植物春季物候期提前、秋季物候期推迟、生长季延长。同时，气候变化对森林、草原、湿地、滨海等生态系统分布、结构、脆弱性等也产生了重要影响。其中，气候变化通过改变野生动植物物种分布、生物物候等，对种间关系产生影响；加之气候变化对自然灾害的影响，气候变化已经并将继续加剧物种灭绝风险。

（3）IPCC 第五次评估报告则以气候变化风险为核心概念，建立了基于风险管理应对气候变化的基本理念框架。科学评估气候变化风险，开展有针对性的风险管理行动，成为应对气候变化的有效途径。由于气候变化对野生动植物物种、生态系统、生物多样性的影响，以及自然保护区相对固定的空间布局、保护边界和功能分区，气候变化已经对自然保护区保护对象和保护功能产生风险，形成自然保护区气候变化风险，即"气候变化对自然保护区的保护对象、保护功能等造成不利影响的可能损失"。自然保护区气候变化风险既涉及气候变化影响，也涉及自然保护区建设和管理等适应气候变化的政策行动及相关人类活动。

（4）针对我国自然保护区数量众多、类型丰富、保护对象复杂、地域分布跨度大等现状特点，从风险源的角度对我国国家级自然保护区气候变化风险进行总体分析，并结合国内外自然保护区有关研究成果，识别和分析我国国家级自然保护区面临的气候变化风险。其中，野生动物类型自然保护区气候总体呈暖干化趋势，气温升高，干燥度指数上升，造成该类自然保护区出现野生动物赖以生存的生境退化，野生动物分布向高纬度、高海拔地区迁移等现象，对自然保护区保护对象、保护功能等造成风险；草原草甸类型典型自然保护区气候总体呈暖干化趋势，气温升高，降水减少，干燥度指数上升，导致该类保护区出现草原草甸生态系统退化及物种分布向高海拔、高纬度地区迁移等现象；内陆湿地类型自然保护区气候总体呈暖湿化趋势，兼受气候暖干化和气候暖湿化影响，表明该类自然保护区的保护对象及其生境对气候变化具有较强的脆弱性，气候暖干化、暖湿化等气候变化均易对自然保护区保护对象、保护功能等造成风险；荒漠生态类型自然保护区气候呈暖湿化趋势，干燥度指数总体呈下降趋势，水热条件好转，有利于该类保护区野生动植物物种生长、发育和荒漠生态系统扩散；森林生态类型自然保护区气候总体呈暖干化趋势，但是气候呈暖干化趋势的自然保护区数量与气候呈暖湿化趋势的自然保护区数量大致相当，表明该类自然保护区保护对象及其生境对气候变化具有较强的脆弱性。

（5）雅鲁藏布江中游河谷黑颈鹤自然保护区气候变化风险主要表现为：部分黑颈鹤生境适宜区和生境较适宜区偏离自然保护区的严格保护，易受人类活动的直接干扰，导致黑颈鹤生境面积萎缩及其对黑颈鹤等主要保护对象的支撑能力下降；自然保护区核心区、缓冲区内出现大面积的黑颈鹤生境不适宜区，削弱了自然保护区的保护效能。究其原因，雅鲁藏布江中游河谷黑颈鹤自然保护区黑颈鹤保护面临的风险主要源自气候变化及其对环境条件的改变引起的河滩地、湿沼、农田等黑颈鹤生境分布变化，加之当前以相对固定的空间布局、保护边界和功能分区为主要特征的自然保护区管理，使得自然保护区黑颈鹤生境与其功能区划在空间配置上出现偏差，从而造成对黑颈鹤生境及黑颈鹤等主要保护对象，以及自然保护区保护功能的风险。

（6）达里诺尔自然保护区气候变化风险自批准建立以来具有明显的波动性变化趋势，而且各类生境的气候变化风险存在显著差异。1999 年、2001 年、2005 年、2008 年保护区及其 4 类生境都处于风险状态，2002 年、2004 年沼泽地生境处于低风险等级，其余年份保护区及其生境处于无风险状态。与 2010 年相比，未来气候变化情景下 2020 年、2030 年达里诺尔自然保护区及其各类生境气候变化风险均有所增强。沼泽地生境的气候变化风险较为突出，与其对气候变化的敏感性和丰富的鸟类分布密切相关；保护区水体、草地和林地生境的气候变化风险大致相当。

（7）气候变化对野生动植物物种、自然生态系统分布及生物物候、种间关系、物种灭绝等的影响，对自然保护区建设和管理提出新的挑战，形成自然保护区气候变化风险。通过自然保护区管理制度和网络体系建设、自然保护区保护管理和科研/监测能力建设、自然保护区科学考察、自然保护区发展规划等，当前自然保护区建设和管理为自然保护区适应气候变化、防范气候变化风险等工作提供了基础和保障。但是对照自然保护区气候变化风险管理要求，仍然存在重视不足、观测能力薄弱、顶层设计欠缺等不足。为此，相关部门研究提出了加强自然保护区气候变化风险管理的对策建议，包括增强自然保护区气候变化风险管理意识、强化自然保护区气候变化风险观测能力、构建自然保护区气候变化风险评估预警体系、建立适应气候变化的自然保护区网络体系等。

7.2　工作展望

自然保护区气候变化风险及管理，事关自然保护区对气候变化的适应能力及其在生物多样性保护、生态安全保障中的地位和作用，事关国家主体功能区、生态保护红线、自然保护地等生态环境保护战略的实施成效。自然保护区是有代表性的自然生态系统、珍稀濒危野生动植物物种的天然集中分布区和法定保护区域，也是禁止开发区域、生态保护红线、自然保护地等生态功能重要地区的重要组成部分，在生物多样性保护、生态安全保障等生态保护中居于极为重要的地位。随着生态文明体系的建立健全、"绿盾"自然保护区监督检查专项行动的深入推进和公众生态保护意识的不断提高，人类活动对自然保护区的不利影响逐渐得到遏制，日益凸显的气候变化及其影响将成为自然保护区建设和管理面临的主要挑战，对自然保护区保护对象、保护功能等造成风险。因此，亟须开展自然保护区气候变化风险及管理研究。其中，气候变化风险评估是自然保护区气候变化风险管理的基础。我国自然保护区类型丰富、数量众多，保护对象复杂、地域分布广，各地各类自然保护区气候变化与其保护对象对气候变化的敏感性存在显著差异，成为自然保护区气候变化风险评估与管理的主要难点。总体上，自然保护区气候变化风险研究具有重要的实际意义和研究价值。

考虑到自然保护区气候变化风险及管理的重要性和挑战性，既需要加强自然保护区能力建设，也需要加强自然保护区气候变化风险科学研究。第一，自然保护区相关管理机构需要强化气候变化风险管理意识，加强自然保护区科研/监测等能力建设，提升自然保护区气候变化风险基础数据的获取能力，建立自然保护区气候变化风险基础数据库；第二，加快开展自然保护区气候变化风险基础理论、关键技术、政策措施等研究，分区域、分类型建立自然保护区气候变化风险评估预警技术体系，全面开展自然保护区气候变化风险调查与评估，建立自然保护区气候变化风险预警机制，增强对自然保护区气候变化风险管理的科技支撑能力，为保证和增强全球气候变化背景下自然保护区的保护功能及其在生物多样性保护、生态安全保障等生态保护中的重要地位，协同推进自然保护区建设管理和应对气候变化工作等提供科技支撑。